U0220835

海洋经济可持续发展丛书

中国海洋经济可持续发展
基础理论与实证研究系列

教育部人文社会科学重点研究基地重大项目（16JJD790021）
国家环境保护海洋生态环境整治修复重点实验室基金项目（202105）
辽宁省社会科学规划基金重点项目（L20ATJ001）

中国海洋经济可持续发展 的资源环境学视角

盖 美 孙才志 郑秀霞 / 著

科学出版社

北 京

内 容 简 介

　　本书从资源环境角度提出中国海洋经济可持续发展的新思维，构建了中国海洋经济可持续发展空间计量分析的基本框架。在此框架下，深入探讨了中国沿海地区海洋经济效率的时空演化及影响因素、海洋生态效率及影响因素、海洋资源效率及与海洋产业生态化水平关系、海洋环境与海陆资源经济的协调发展，以及海洋资源环境经济复合系统承载力及协调发展调控。在理论与实证分析的基础上，本书还提出了沿海地区海洋经济可持续发展的政策建议。

　　本书适合高等院校海洋学、环境经济学、地理科学等专业的本科生、研究生及相关领域的教师和科研人员阅读，也可为从事海洋资源环境相关工作者提供参考。

图书在版编目（CIP）数据

中国海洋经济可持续发展的资源环境学视角 / 盖美，孙才志，郑秀霞著.
—北京：科学出版社，2022.1
（海洋经济可持续发展丛书）
ISBN 978-7-03-070400-9

Ⅰ.①中⋯　Ⅱ.①盖⋯　②孙⋯　③郑⋯　Ⅲ.①海洋经济–经济可持续发展–环境资源–研究–中国　Ⅳ.①P74

中国版本图书馆 CIP 数据核字（2021）第 219482 号

责任编辑：石　卉　姚培培 / 责任校对：韩　杨
责任印制：李　彤 / 封面设计：有道文化

科学出版社 出版
北京东黄城根北街 16 号
邮政编码：100717
http:// www.sciencep.com

北京建宏印刷有限公司 印刷
科学出版社发行　各地新华书店经销
*
2022 年 1 月第 一 版　开本：720×1000 1/16
2022 年 3 月第二次印刷　印张：14
字数：282 000
定价：98.00 元
（如有印装质量问题，我社负责调换）

丛 书 序

　　浩瀚的海洋，被人们誉为生命的摇篮、资源的宝库，是全球生命保障系统的重要组成部分，与人类的生存、发展密切相关。目前，人类面临人口、资源、环境三大严峻问题，而开发利用海洋资源、合理布局海洋产业、保护海洋生态环境、实现海洋经济可持续发展是解决上述问题的重要途径。

　　古希腊海洋学者特米斯托克利（Themistocles）曾预言："谁控制了海洋，谁就控制了一切。"这一论断成为18～19世纪海上霸权国家和海权论者最基本的信条。自15～17世纪地理大发现以来，海洋就被认为是"伟大的公路"。20世纪以来，海洋作为全球生命保障系统的基本组成部分和人类可持续发展的宝贵财富而具有极为重要的战略价值，已为世人所普遍认同。

　　中国是一个海洋大国，拥有约300万平方公里的海洋国土（约为陆地国土面积的1/3），大陆海岸线长约1.8万公里（国家海洋局，2017）；面积大于500平方米的海岛7300多个，海岛陆域总面积近8万平方公里，海岛岸线总长约1.4万公里（国家海洋局，2012）。

　　我国辽阔的海洋国土蕴藏着丰富的资源。根据《全国海洋经济发展规划纲要》（国发〔2003〕13 号），已鉴定的海洋生物 20 000 多种、海洋鱼类 3000 多种；滨海砂矿资源储量 31 亿吨；滩涂面积 380 万公顷，水深 0～15 米的浅海面积 12.4 万平方公里，为人工养殖提供了广阔空间；海洋石油资源量约 240 亿吨，天然气资源量 14 万亿立方米；海洋可再生能源储量丰富，理论蕴藏量 6.3 亿千瓦；沿海共有 400 多公里深水岸线、60 多处深水港址，适合建设港口来发展海洋运输；滨海旅游景点 1500 多处，适合发展海洋旅游业；此外，在国际海底区域我国还拥有 7.5 万平方公里多金属结核矿区，开发潜力巨大。

虽然我国资源丰富，但我国也是一个人口大国，人均资源拥有量不高。根据《全国矿产资源规划》（2001 年），我国矿产资源人均占有量只有世界平均水平的 58%。我国土地、耕地、林地、水资源人均水平与世界人均水平相比差距更大。陆域经济的发展面临着自然资源禀赋与环境保护的双重压力，向海洋要资源、向海洋要空间，已经成为缓解我国当前及未来陆域资源紧张矛盾的战略方向。开发利用海洋，发展临港经济（港）、近海养殖与远洋捕捞（渔）、滨海旅游（景）、石油与天然气开发（油）、沿海滩涂合理利用（涂）、深海矿藏勘探与开发（矿）、海洋能源开发（能）、海洋装备制造（装）以及海水淡化（水）等海洋产业和海洋经济，是实现我国经济社会永续发展的重要选择。因此，开展对海洋经济可持续发展的研究，对实现我国全面、协调、可持续发展将提供有力的科学支撑。

经济地理学是研究人类地域经济系统的科学。目前，人类活动主要集聚在陆域，陆域的资源、环境等是人类生存的基础。由于人口的增长，陆域的资源、环境已经不能满足经济发展的需要，所以提出"向海洋进军"的口号。通过对全国海岸带和海涂资源的调查，我们认识到必须进行人海关系地域系统的研究，才能使经济地理学的理论体系和研究内容更加完善。辽宁师范大学在 20 世纪 70 年代提出把海洋经济地理作为主要研究方向，至今已有 40 多年的历史。在此期间，辽宁师范大学成立了专门的研究机构，完成了数十项包括国家自然科学基金项目、国家社会科学基金项目在内的研究项目，发表了 1000 余篇高水平科研论文。2002 年 7 月 4 日，教育部批准"辽宁师范大学海洋经济与可持续发展研究中心"为教育部人文社会科学重点研究基地，这标志着辽宁师范大学海洋经济的整体研究水平已经居于全国领先地位。

辽宁师范大学海洋经济与可持续发展研究中心的设立也为辽宁师范大学海洋经济地理研究搭建了一个更高、更好的研究平台，使该研究领域进入了新的发展阶段。近几年，我们紧密结合教育部基地建设目标要求，凝练研究方向、精炼研究队伍，希望使辽宁师范大学海洋经济与可持续发展研究中心真正成为国家级海洋经济研究领域的权威机构，并逐渐发展成为"区域海洋经济领域的新型智库"与"协同创新中心"，成为服务国家和地方经济社会发展的海洋区域科学领域的学术研究基地、人才培养基地、技术交流和资料信息建设基地、咨询服务中心。目前，这些目标有的已经实现，有的正在逐步变为现实。经过多年的发展，辽宁师范大学海洋经济与可持续发展研究中心已经形成以下几个稳定的研究方向：①海洋资源开发与可持续发展研究；②海洋产业发展与布局研究；③海岸带海洋环境与经济的耦合关系研究；④沿海港口及城市经济研究；⑤海岸带海洋资源与环境的信息化研究。

十八大报告提出，"提高海洋资源开发能力，发展海洋经济，保护海洋生态环境，坚决维护国家海洋权益，建设海洋强国"。当前，我国经济已发展成为高度依赖海洋的外向型经济，对海洋资源、空间的依赖程度大幅提高，今后，我国必将从海洋资源开发、海洋经济发展、海洋科技创新、海洋生态文明建设、海洋权益维护等多方面推动海洋强国建设。

"可上九天揽月，可下五洋捉鳖"是中国人民自古以来的梦想。"嫦娥"系列探月卫星、"蛟龙号"载人深潜器，都承载着华夏子孙的追求，书写着华夏子孙致力于实现中华民族伟大复兴的豪迈。我们坚信，探索海洋、开发海洋，同样会激荡中国人民振兴中华的壮志豪情。用中国人的智慧去开发海洋，用自主创新去建设家园，一定能够让河流山川与蔚蓝的大海一起延续五千年中华文明，书写出无愧于时代的宏伟篇章。

"海洋经济可持续发展丛书"专家委员会主任

辽宁师范大学校长、教授、博士研究生导师

韩增林

2017 年 3 月 27 日于辽宁师范大学

前　　言

　　21 世纪是海洋世纪，蓝色正逐渐渗入中国经济的底色，中国经济形态和开放格局呈现出前所未有的"依海"特征。党的十九大提出：坚持海陆统筹，加快建设海洋强国。这表明我国对海洋的重视已提升到空前的战略高度。然而随着中国海洋经济进入高速增长阶段，粗放型海洋资源开发模式导致资源耗竭、生态环境恶化，这些问题成为建设海洋强国的瓶颈和发展短板。海洋经济的发展依赖海洋资源环境，然而海洋资源是有限的，只有合理利用海洋资源、保护好海洋环境，才能实现资源环境的可持续利用。当前，开展海洋生态文明建设已成为海洋强国战略实施的重要内容，这就要求在海洋经济发展中全面融入生态文明理念，在保证海洋经济增长的基础上实现资源消耗减量和污染物减排，发展高质量的"蓝色 GDP"。针对上述问题，本书对海洋经济增长下的经济效率、生态效率、资源效率及海陆统筹背景下海洋经济可持续发展调控等问题进行系统分析，从而科学地探讨中国海洋经济高质量发展。本书的研究结论可以在一定程度上为促进海洋资源环境经济系统间协调发展、促进海洋生态文明、加快建设海洋强国等现实问题提供决策支持，这也是写作本书的初衷。

　　本书共六章。第一章为中国沿海地区海洋经济效率时空演化及影响因素研究。由于中国海洋经济发展体制和模式不完善限制了海洋经济效率的提高，该章通过研究海洋资源环境、投入和产出的关系，充分把握海洋经济发展的优势与不足，对扭转我国长期以来"高投入、低产出"的局面具有重要意义。该章首先解释了可持续发展理念的提出过程和内涵，进一步阐释海洋经济可持续发展与海洋经济效率之间的关系；指标选取方面，总结了以往研究中的经验与不足，考虑非期望产出和环境制约要素对海洋经济效率的影响，将环境污染物相关指标纳入指标体系，采用基于非期望产出三阶段超效率 SBM[①]–Global 模型计算沿海地区海洋经济效率；效率测算方面，为消除投入要素的外在环境和随机误差的影响，引入相似随机前沿分析（stochastic frontier analysis，SFA）模型，空间序列上利用标准差椭圆（standard deviational ellipse，SDE）和重心模型，从整体和三大经济圈角度分析其空间演化规律及原因；运用面板门槛模型对海洋经济效率影响因素进行实证定量分析，克服以往相关研究中认为海洋经济效率影响因素与海洋经济之间只存在线性关系和单一结构的缺陷，充分考虑解释变量对被解释变量的动态影响，使测算结果更符合实际。

第二章为辽宁省沿海地区海洋生态效率及影响因素研究[②]。当前，在观念向海的驱动下，辽宁省不断深化改革、扩大开放，海洋经济进入高速增长阶段。然而近岸海域高密度的渔业养殖活动，大量的工业废水、固体废弃物经河流携带入海以及沿岸城镇和工业的建设发展等粗放型开发模式导致海洋资源耗竭、海洋生态系统恶化。该章从辽宁省沿海海洋生态环境质量水平测度和海洋生态效率影响因素分析方面入手，在全面分析生态效率内涵的基础上，借鉴德国环境经济账户构建海洋生态效率评价指标体系，采用基于非期望产出的超效率 SBM 模型测算辽宁省沿海六市海洋生态效率值。研究发现，该研究区海洋经济和海洋生态环境质量发展水平总体上呈缓慢上升趋势，生态环境状况由低质量水平向较高质量水平转变，研究区域地区内部差异在逐渐缩小。海洋生态效率空间格局演化影响因素的分析表明，海洋生态效率受自身冲击的影响最大，各影响因素对海洋生态效率的影响整体上都呈增长趋势，这对解决海洋生态环境问题有重要指导意义。

第三章为中国沿海地区海洋生态效率及影响因素研究[③]。海洋强则国家强，海洋兴则民族兴，合理利用海洋资源能够缓解人地矛盾、全球资源短缺和陆域

---

① 基于松弛的模型（slack-based model，SBM）。
② 辽宁省沿海地区以 6 个地级市为研究对象，分别为大连、丹东、锦州、营口、盘锦和葫芦岛。
③ 中国沿海地区以 8 个省、2 个直辖市和 1 个自治区为研究对象，分别为浙江、福建、广东、海南、辽宁、河北、山东、江苏、天津、上海和广西。

环境恶化等一系列问题。然而随着海洋经济进入高速增长阶段，加速化、临海化以及重化工业的格局导致一系列海洋生态环境问题出现，开展海洋生态文明建设尤为重要。该章根据海洋经济活动的特点构建海洋生态效率评价指标体系，对中国沿海 11 个省份 2001~2015 年海洋生态效率进行测算并对海洋生态效率与陆域生态效率进行趋同性分析，借助重心模型刻画研究区内海洋生态效率空间格局和探讨海洋与陆域生态效率重心轨迹是否呈趋同性，结果表明，沿海省份海洋生态效率呈上升趋势。海洋生态效率重心移动路径可分为 "2001~2006 年东北方向迁移" 和 "2006~2015 年西南方向迁移" 两个阶段，重心移动范围主要位于长江三角洲（简称长三角）地区。在影响因素方面，海洋产业结构对海洋生态效率的影响呈正负波动态势，以正向促进为主；海洋科技水平对海洋生态效率产生显著正向的推动作用和持续效益；环境规制作为末端处理对海洋生态效率的影响不显著。

　　第四章为中国沿海地区海洋资源效率与海洋产业生态化水平关系研究。海洋资源是海洋经济运行的关键要素之一，当前海洋产业发展过程中出现诸如结构不合理、发展次序错位、区域发展不平衡等问题，对环境产生胁迫作用，造成海洋生态破坏。提高海洋资源效率及海洋产业生态化水平对海洋经济可持续发展具有重要意义。该章将环境经济学、可持续发展等理论与计量经济学等交叉运用，构建海洋产业生态化水平的评价指标体系，采用考虑非期望产出的超效率 SBM 模型对我国沿海 11 个省份的海洋资源效率进行测度，同时利用标准差椭圆、重心坐标等多重角度识别我国沿海各省份海洋资源效率空间演化特征并进一步分析其驱动因素，运用象限图法分析海洋资源效率与海洋产业生态化水平的关系，以期为我国海洋资源的可持续利用提供科学依据。

　　第五章为海洋环境与海陆资源经济的协调发展研究。随着当前我国海洋经济的快速发展，海洋经济生产总值逐年增加，该章在我国海洋经济发展总体保持稳步增长，海洋环境、资源地位不断上升的时代背景下，对中国近岸海域环境与海陆资源经济进行协调发展研究。首先采用模糊识别模型评估中国 2006~2016 年近岸海域生态环境演变及时空分布，引入地理探测器模型，研究近岸海域环境质量的影响因素。其次在海洋环境污染机理的基础上，多方面、多角度地测算海洋环境系统与海陆资源经济系统的关联度和耦合协调度关系。最后以近岸海域环境质量结果较差的辽宁省为例，在海洋环境系统与海陆资源经济系统相关关系的基础上，建立近岸海域污染控制的系统动力学（system dynamics，

SD）图，采用系统动力学模型对辽宁近岸海域环境进行调控，得出辽宁近岸海域环境与海陆资源经济协调发展的最优方案并提出相应建议。

第六章为海洋资源环境经济复合系统（简称海洋复合系统）承载力及协调发展调控研究。资源、环境、经济是人类生存和发展的重要基础，而频繁的海洋活动加重了海洋负担并引发了一系列的海洋发展问题，因此海洋复合系统承载力成为研究热点。该章围绕沿海 11 个省份，将海洋资源环境经济视为一个整体的多元系统，通过可变模糊识别对其进行承载力的时空分布变化规律研究，利用协调发展模型分析复合系统的承载力，并以灰色关联分析承载力的变化因素，以河北省为典型案例，从海洋经济、海洋环境、海洋资源三个方面构建海洋复合系统发展目标体系；通过协调发展模型动态测度河北省海洋复合系统协调度和协调发展度，以 2006 年为基础年，利用多目标规划模型、多元回归分析探寻目标变量与决策变量的关系；通过对比模式间的协调发展优劣探索河北省海洋复合系统未来优先发展模式；通过 GM（1，1）灰色预测模型预测并对比实现协调发展的差距。最后提出河北省海洋复合系统承载力发展的对策建议，对承载力的未来研究重点和发展方向进行一定展望。

本书得到教育部人文社会科学重点研究基地重大项目（中国海洋经济可持续发展基础理论与实证研究，16JJD790021）、国家环境保护海洋生态环境整治修复重点实验室基金项目（环渤海地区海洋生态环境问题识别及陆海统筹治理对策研究，202105）和辽宁省社会科学规划基金重点项目（经济增长动能转换与绿色发展的统计测度及耦合研究，L20ATJ001）的资助。本书的主要执笔人为盖美教授、孙才志教授、郑秀霞讲师。硕士研究生韩婕妤、马丽、宋强敏、朱静敏、钟利达参与了本书部分内容的写作。

尽管本书在研究思路、研究方法等方面做了较多的创新性努力，取得了一定的进展，但由于所研究的问题是一个内容十分广泛、复杂的课题，定量分析方面的相关系统性文献资料较少，并且受到作者能力、精力与时间的制约，难免存在不足之处，敬请同行专家和读者批评指正，并提出宝贵意见。

最后，在本书出版之际，我们衷心感谢对本书的研究及顺利出版给予大力支持和帮助的科学出版社！

盖 美

2020 年 12 月

目　　录

中国沿海地区海洋经济效率时空演化及影响因素

第一节 引 言

一、研究背景

海洋为人类生产生活提供发展空间和自然资源，与人类的生存和发展有着极为密切的联系。海洋面积约占地球表面的71%，沿海集聚了全球多数城市、创造了大部分经济、集聚了大部分人口，以及承担了较多的货物运输量。1982年第三次联合国海洋法会议通过《联合国海洋法公约》，各国可依法扩大占领海域面积，这直接造成了全球范围内的"蓝色圈地运动"，加速了各国海洋经济开发战略的实施步伐。2001年5月，《联合国海洋法公约》首次提出"21世纪是海洋世纪"，这标志着海洋已经受到极大关注，成为世界各国提高综合国力和争夺长远战略优势的重要领域。如今，海洋经济发展能力已成为世界各国区域经济发展的重要组成部分和衡量综合国力的重要标志。

由于人口激增、陆域资源消耗过度、环境污染加剧，海洋逐渐成为沿海国家攫取自然资源和拓展发展空间的目标。自20世纪60年代以来，美国、欧盟、韩国、澳大利亚和日本等开始加大对海洋资源开发的重视，将发展海洋经济作为本国的重大发展战略，并通过制定相应的政策和规划为海洋经济开发提供政策支持。但随着海洋经济的快速发展，人们从深度和广度上对海洋资源进行了高强度的开发，给海洋资源的可持续利用带来了严重的负面影响。海洋过度捕捞、逐年增多的废水入海量、海上石油泄漏等不仅造成了资源浪费，还不断地破坏海洋生态系统，导致海洋灾害频发、生物多样性急剧减少、资源环境承载力下降。为解决海洋环境问题，国际上对摒弃过度消耗资源的粗放型海洋经济发展方式、注重海洋资源的高效利用、通过科技创新提高海洋资源效率的发展模式已达成共识。

中国作为海洋大国，海域辽阔，跨越热带、亚热带和温带，大陆海岸线长达1.8万多千米，内海和边海的水域面积为470多万平方千米[①]。海洋资源种类繁多，海洋矿产、海洋生物资源、石油天然气资源、滨海旅游资源等具有巨大

---

① 2017年中国海洋经济统计公报. http://gc.mnr.gov.cn/201806/t20180619_1798495.html [2021-06-15].

的开发潜力。20世纪90年代以来，我国把海洋资源开发作为国家发展战略的重要内容，同时加快发展海洋产业，促进海洋经济发展。当前，海洋经济已经成为我国国民经济发展新的增长极。截至2017年，海洋产业的总产值占全国生产总值的比重达9.4%，产业结构也由原来的"一三二"转变为"三二一"，产业结构逐渐合理，同时涉海从业人数呈直线上升状态，2017年涉海从业人数达3657万人，比2016年增加33万人[①]。随着人口趋海移动速度加快，东部沿海地区已成为我国城市人口分布最密集的区域，预计到21世纪中叶，该区域的城市化率将高于世界平均水平的47%。

党的十九大报告指出，坚持陆海统筹，加快建设海洋强国。促进海洋经济的健康和可持续发展，已经成为当前社会各界关注的焦点。本章聚焦海洋经济效率，不仅从侧面体现了海洋经济的高速增长情况、海洋资源的有效利用程度和环境污染程度，还从资源、环境、经济三个方面综合了海洋经济的可持续发展水平。在已有文献中，国外研究大多集中于对海洋经济某一产业或部门的效率研究，忽略了对海洋经济效率整体的测算与分析；国内学者对海洋经济的某一产业或部门以及海洋经济整体效率均有研究，但关于整体效率的研究较少，且在测算海洋经济相关效率时并未考虑外在环境因素和随机噪声对效率值的影响，使得计算所得效率值与实际有一定偏差，难以反映实际的海洋经济效率。在指标体系方面，多数研究从投入产出角度构建指标体系，但海洋经济是一个复杂巨系统，各子系统间存在密切关系。故在投资海洋资源产出、期望海洋经济效益的同时，也要考虑非期望产出，即各种海洋环境污染物，但现有指标体系中缺乏对该问题的考虑。

本章从投入产出以及资源、环境、经济系统相结合的角度出发，构建指标体系，利用基于非期望产出的三阶段超效率SBM-Global模型剔除外在环境因素和随机误差的影响后，测算我国沿海11个省份的海洋经济效率。并在此基础上，结合标准差椭圆和重心坐标模型，多角度地刻画海洋经济效率的空间动态演变规律，引入面板门槛模型对海洋经济效率影响因素进行分析。

二、研究现状

人类利用海洋的历史悠久，但在研究海洋经济效率方面开始的时间并不

---

① 2017年中国海洋经济统计公报. http://gc.mnr.gov.cn/201806/t20180619_1798495.html [2021-06-15].

长。已有研究多集中于对海洋经济某一产业或部门的效率研究，在研究尺度、范围、方法等方面还存在不足，需要进一步创新和补充。

有些学者从宏观角度对海洋经济发展效率进行分析。Talley（1988）提出将海洋经济表现（海洋经济终端的实际产出与最优产出作比较得出）作为计算合理性的前提条件。他认为只有在海洋经济拥有一个绝对自然状态的内陆腹地的情况下，海洋经济终端的最优产出的计算才是合理的，若终端为非规则性陆地，即处于分散状态并具有竞争力时，对海洋经济终端的最优产出的计算将不合理。Hoagland 和 Jin（2008）为厘清世界海洋经济效益与环境成本之间的关系，在海洋生态系统基础上，研究了各海洋产业在海洋经济中的贡献以及对海洋环境的破坏程度。海洋经济效率微观角度的研究大部分集中于海洋经济的某一产业或部门。其中，在海洋渔业效率研究方面：Tingley 等（2005）利用 SFA 模型和数据包络分析（data envelopment analysis，DEA）方法计算了英吉利海峡渔业生产的技术效率，并分析其影响因素；Maravelias 和 Tsitsika（2008）利用 DEA 方法评价了东地中海渔业生产的设备使用率和经济效益；Jamnia 等（2015）利用 SFA 模型分析了伊朗南部巴哈尔地区渔业生产的技术效率。在海洋交通运输业方面：Nguyen 和 Tongzon（2010）运用传统 DEA 模型对澳大利亚 4 个主要港口和其他 12 个国际集装箱港口的效率进行了比较分析；Cullinane 等（2006）运用 DEA 方法评价了世界 30 个重要集装箱港口的生产效率，并分析了港口私有化与效率之间的关系；Odeck 和 Bråthen（2012）运用 DEA 和 SFA 模型研究了亚洲、欧洲和非洲海洋运输效率，分析三个区域之间差异并比较两种模型优劣。

国内学者除进行海洋经济单一产业或部门的海洋经济效率研究外，也进行了少量海洋经济整体效率研究。研究方法以 SFA 和 DEA 为主，在指标体系方面多从投入产出角度出发，选择资本要素、人力要素、资源要素以及经济效益产出和环境污染要素，这都为我国海洋经济效率研究提供了基础。在渔业效率方面：①在渔业经济投入产出效率评价方面，梁盼盼和俞立平（2014）采用面板回归和 DEA 方法证实了 1999~2010 年全国渔业全要素生产率未得到有效改善，虽然存在技术进步，但技术效率偏低，地区间差异明显。②在技术生产要素对渔业经济效率的影响方面，杨卫和周薇（2014）运用 DEA 模型分析了中国渔业科技生产效率。研究表明，渔业技术效率创新过程中存在投入过高、转化率低的问题，渔业科技规模限制了纯技术效率提高。③在资源环境对渔业经济发展的影响方面，徐璐（2015）以1993～2012年为研究区间，研究了环境约束下中国海洋渔业绿色增长的水平及地区收敛情况，证实了当前中国海洋渔业经济发展方式仍属于粗放型，大部分省份动态海洋渔业绿色全要素生产率的增长率低于海洋渔业GDP增长率。在海洋交通方面：于谨凯和潘菁（2015）利用超效率DEA模型对2009～2013年我国11个沿海省份的海洋交通运输业效率进行了测算。结果表明，每年只有2～3个省份的经营效率达到DEA有效，且行业整体综合技术效率较低。姜宝和李剑（2008）将增长率和DEA计算结果分别作为波士顿矩阵的纵轴和横轴，对东北亚地区海洋运输业中的港口绩效进行了测算与比较，证明了中国上海港和青岛港较韩国的釜山港有竞争优势，光阳港在2007年取得了竞争优势地位。刘大海等（2008）利用DEA模型对青岛市科研院所和高等院校的海洋科技效率进行了分析。结果表明，青岛市海洋科技的效率高，高等院校的科研人员数量和项目经费额等在效率有效的同时保持稳步增长，但由于高等院校的规模报酬不变，其在效率和管理方面仍存在一些问题。在海洋技术效率方面：殷克东和李兴东（2011）对我国海洋科学技术及其对我国海洋经济可持续发展的贡献度进行了测度和评价。李彬和高艳（2010）运用中国沿海地区海洋生产总值的面板数据，对我国海洋经济技术效率进行了实证分析。结果表明，在研究时间段内，海洋经济技术效率虽处于上升态势，但仍有较大的上升空间。在海洋产业效率方面：程娜等（2012）计算发现非国有控股涉海企业的经营效率高于国有控股涉海企业，大部分国有控股涉海企业均处于规模报酬递减的无效率阶段。赵昕和刘玉峰（2012）运用主成分分析法计算分析了我国主要沿海地区的海洋产业结构效率。结果显示，海洋产业结构效率区域差异较大，且与区域经济发展水平及基础设施状况正相关。在海洋经济整体效率方面：王腾（2013）在对中国海洋经济效率与海洋经济可持续发展之间关系进行梳理的基础上，运用DEA模型对沿海11省份的海洋经济发展效率进行了测算分析，并据此提出海洋经济发展的建议；苑清敏等（2016）在海洋经济效率计算体系中引入资源投入和非期望产出，利用SBM模型对我国2001～2011年海洋经济效率进行了实证分析；邹玮等（2017）借助Bootstrap-DEA模型综合测算了2000～2012年环渤海地区17个城市的海洋经济效率，并结合标准差椭圆和重心坐标方法，刻画了环渤海地区海洋经济效率空间格局演化特征，计算分析了海洋经济效率空间格局演化的影响机制。

纵观已有文献，国内外研究在海洋经济效率计算方法以及指标体系方面已相对成熟。例如，以投入产出关系为主，投入方面采用资源要素、人力要素、资本要素，产出方面采用经济效益。但随着社会经济发展，指标体系和研究方法也应与时俱进。例如研究发现，环境制约要素对最终海洋经济效率具有显著影响，故在指标体系中应综合考虑投入产出关系与资源、环境、经济复合系统相结合，但已有研究并没有考虑这一问题。为此，本章在资源、环境、经济系统基础上，从投入产出角度出发，构建指标体系。投入角度即资源方面选取资源要素、人力要素、资本要素，期望产出即经济方面以海洋经济生产总值替代，非期望产出即环境方面以废水入海量和化学需氧量替代。由于海洋经济三大支柱产业为海洋交通运输、滨海旅游、渔业养殖，因此资源要素以港口码头泊位数、星级饭店数量、海洋机动渔船年末拥有量替代，人力要素以年末涉海从业总人数替代，因受海洋研究方面基础数据限制，资本要素以固定资本存量替代。

在海洋经济效率的相关研究中，国外研究集中于海洋经济的某一产业或部门的效率，国内除对某一产业或部门的效率研究外，也有少量海洋经济效率整体研究。在研究尺度上，海洋经济效率也较少涉及中国沿海地区 11 个省份。因此本章以我国沿海地区为研究尺度，测度海洋经济整体效率。

效率测算的各决策单元因自然人文条件不同，面临不同的外在环境要素和随机误差，导致测算结果不能真正表现各决策单元的效率水平。因此，本章利用 DEA 超效率 SBM 模型克服投入产出的松弛问题，并引入相似 SFA 模型，去除投入要素的外在环境和随机误差影响，利用调整后的投入值测算实际海洋经济效率，使各决策单元效率更具可比性。

以往对空间分析的研究未能体现动态变化，本章采用标准差椭圆和重心模型多角度定量识别并以空间可视化的方式刻画我国沿海地区海洋经济效率的全局分布特征以及动态演化规律。此外，本章还利用面板门槛模型对海洋经济效率进行影响因素分析，识别各影响因素的结构拐点以及阈值，反映海洋经济效率影响因素对其影响程度的动态变化，以期为相关部门制定针对性的政策提供决策参考。

第二节　海洋经济效率测度与评价

一、指标体系与数据来源

在效率测度方面，目前主要有两种方法，一种是基于非参数分析的 DEA，另一种是基于参数分析的 SFA。Charnes 等（1978）提出了 DEA，因其采用非参数统计方法，不用提前设置生产函数形式，不受量纲影响，且可以分阶段测算基于多投入多产出的决策单元相对效率，故被广泛应用。考虑到在 DEA 模型中，基于径向和角度的 BCC 模型（由 R. D. Banker、A. Charnes 和 W. W. Cooper 三个运筹学家提出的 DEA 模型）和 CCR 模型（由 A. Charnes、W. W. Cooper 和 E. Rhodes 三个运筹学家提出的 DEA 模型）未考虑投入和产出变量的松弛性问题，易使所测结果高于实际值，故本章采用 Tone（2001）提出的基于非期望产出的超效率 SBM 模型。全局参比法令所有决策单元参照同一前沿面得出相对效率值，各决策单元不存在对比误差，超效率使决策单元的值可以大于 1，可对有效决策单元进行进一步的对比分析。根据赵林等（2016a，2016b）的研究结果，非期望产出即环境制约因素对海洋经济效率有显著影响，同时根据研究实际，考虑外在环境因素和随机误差对最终效率值的影响，本章采用基于非期望产出的三阶段超效率 SBM-Global 模型。

第一阶段：基于非期望产出的超效率 SBM-Global 模型。

为剔除投入要素的外在环境变量和随机误差对最终效率值的影响，并将所有决策单元按全局参比法进行计算，本章采用基于非期望产出的超效率 SBM-Global 模型：

$$\min \rho = \frac{\dfrac{1}{m}\sum_{i=1}^{m}\dfrac{\overline{x}}{x_{ik}}}{\dfrac{1}{r_1+r_2}\left(\sum_{s=1}^{r_1}\dfrac{\overline{y^d}}{y_{sk}^d}+\sum_{q=1}^{r_1}\dfrac{\overline{y^u}}{y_{qk}^u}\right)}$$

$$\text{s.t.}\begin{cases} \overline{x} \geqslant \sum_{j=1,\neq k}^{r_1} x_{ij}\lambda_j & i=1,2,\cdots,m \\[2mm] \overline{y^d} \leqslant \sum_{j=1,\neq k}^{n} y_{sj}^d\lambda_j & s=1,2,\cdots,r_1 \\[2mm] \overline{y^d} \geqslant \sum_{j=1,\neq k}^{n} y_{qj}^b\lambda_j & q=1,2,\cdots,r_2 \\[2mm] \lambda_j > 0 & j=1,2,\cdots,n \\[2mm] \overline{x} \geqslant x_k & i=1,2,\cdots,m \\[2mm] \overline{y^d} \leqslant y_k^d & s=1,2,\cdots,r_1 \\[2mm] \overline{y^u} \geqslant y_k^u & q=1,2,\cdots,r_2 \end{cases} \tag{1.1}$$

式中，ρ 为海洋经济效率值；n 为决策单元（DMU）数量；m、r_1 和 r_2 分别为投入、期望产出和非期望产出个数；x_k、y_k^d 和 y_k^u 分别为投入、期望产出和非期望产出；$s=(\overline{x},\overline{y^d},\overline{y^u})$ 为投入、期望产出和非期望产出冗余量；λ 为权重向量。参考马占新（2010）的研究并根据本章研究实际，定义 $\rho < 0.6$ 为无效，$0.6 \leqslant \rho < 0.8$ 为效率中等，$0.8 \leqslant \rho < 1$ 为效率良好，$\geqslant 1$ 为效率高。

第二阶段：相似 SFA 模型。

在"固定产出，投入最小化"原则下，以第一阶段各决策单元投入指标的冗余量为因变量，外在环境变量、随机因素和管理因素为自变量，构建相似 SFA 模型：

$$S_{ni} = f^n(Z_i;\beta^n) + V_{ni} + U_{ni} \tag{1.2}$$

式（1.2）中，n 为投入变量的个数；S_{ni} 为第 i 个决策单元在第 n 个投入上的松弛变量；$Z_i = (Z_{1i}, Z_{2i}, \cdots, Z_{ki})$ 为 k 维环境变量；β^n 为环境变量对应参数向量，一般取 $f^n(Z_i;\beta^n) = Z_i\beta_n$；$V_{ni} + U_{ni}$ 为联合误差项 ε_i；V_{ni} 为随机误差，服从截断分布，即 $V_{ni} \in N(0, \sigma_{vn}^2)$；$U_{ni}$ 为管理无效率，服从正态分布，即 $U_{ni} \in N(\mu_u, \sigma_{un}^2)$，一般 $\mu_u = 0$，$U_{ni} \in 0$；$\overline{X_w} = \dfrac{\sum_{i=1}^n w_i x_i}{\sum_{i=1}^n w_i}$；$\overline{Y_w} = \dfrac{\sum_{i=1}^n w_i y_i}{\sum_{i=1}^n w_i}$ 和

$\sigma_x = \dfrac{\sqrt{\sum_{i=1}^n (w_i \overline{x_i} \cos\theta - w_i \overline{y_i} \sin\theta)}}{\sum_{i=1}^n w_i^2}$ 独立不相关。

由最大似然估计法先计算得出 β^n、σ_{vn}^2 和 μ_u 各参数的估计值，再根据这些参数计算出 U_{ni} 和 V_{ni}，并最终代入以下调整公式，得出同质环境下的新投入值：

$$X_{ni}^* = X_{ni} + \left[\max(Z_i \beta^n) - Z_i \beta^n \right] + \left[\max(V_{ni}) - V_{ni} \right] \tag{1.3}$$

$$n = 1, 2, \cdots N; i = 1, 2 \cdots I$$

式（1.3）中，X_{ni}^* 为调整后投入；X_{ni} 为原始投入；第一个括号是对外在环境变量的调整，$\max(Z_i \beta^n)$ 为最差环境条件，其他决策单元以此为基础，外在环境条件好的决策单元增加更多的投入，外在环境差的增加较少的投入；第二个括号内是对随机误差 V_{ni} 的调整，调整原理同外部环境指标。最终使各决策单元面临相同的外在环境条件和随机误差。

第三阶段：调整投入后的基于非期望产出的超效率SBM-Global模型。

以调整后的同质性新投入值 X_{ni}^* 代替原来投入值 X_{ni}，产出保持不变，基于全局参比法，重新运用考虑非期望产出的三阶段超效率SBM-Global模型运算，得出更加符合实际的海洋经济相对效率值。

（一）第一、第三阶段指标体系构建

本章在资源、环境、经济系统基础上，从传统的投入产出角度出发，构建指标体系。投入从资源系统选取资源要素、人力要素、资本要素，产出从期望产出和非期望产出两方面选取。因三阶段超效率模型主要是通过第二阶段剔除外在环境变量和随机误差对投入要素的影响，得出调整后的投入产出数据，再投入第一阶段的模型中进行计算，从而得出第三阶段的结果，即第一、第三阶段指标体系未变，因此第一、第三阶段的投入产出指标相同。

1. 资源要素投入

在经济学中，基本生产要素包括土地、劳动力、资本。因海洋经济三大支柱产业为海洋交通运输、滨海旅游、渔业养殖，故资源要素中以港口码头泊位数代表海洋交通运输业方面投入要素；海洋机动渔船年末拥有量代表渔业养殖方面投入要素，因为渔业方面不仅包括近海养殖，也包括远洋捕捞，渔业养殖面积指标并不具有全面代表性，海洋机动渔船年末拥有量涵盖近海捕捞和远洋捕捞，对渔业资源更具代表性；星级饭店数量代表滨海旅游业方面投入要素，因为近年来滨海旅游以散客为主，而大部分滨海旅游城市以其本身对游客吸引力作为旅游方面投入，其中最典型的标志之一就是星级饭店的修建和运营，其在一定程度上代表了旅游地在基础设施方面对游客的吸引。最后将三者标准化加权求和作为资源要素投入。

2. 人力要素投入

经济增长理论认为，劳动力的数量对经济增长有重要作用。古典贸易理论和新古典贸易理论认为，劳动与其他生产要素的禀赋对一国的比较优势产业、产业结构和贸易结构有重要影响，这也从侧面说明劳动力要素在经济发展过程中具有关键作用。我国拥有丰富的劳动力，特别是近年来随着海洋资源的开发，海洋经济相关从业人员在劳动力总体中比重迅速增大，对海洋经济产业布局、结构调整、经济产出等都起到了至关重要的作用，因此本章以年末涉海从业总人数为人力要素投入。

3. 资本要素投入

由于无法获取海洋经济固定资产投资额，以各地区固定资产投资额替代，因经济投资对海洋经济发展的影响不仅限于当期，还基于往年所形成的资本存量，故以永续盘存法对沿海11个省份的固定资本存量进行估算：

$$K_{it} = K_{i,t-1}(1-\delta) + I_{it}/P_t \tag{1.4}$$

式（1.4）中，δ 为折旧率（9.6%）；K_{it} 为 i 地区第 t 年的固定资本存量；$K_{i,t-1}$ 表示 i 地区第 $t-1$ 年的固定资本存量；I_{it} 为 i 地区第 t 年的固定资产投资；P_t 为以2000年为基年的固定资产投资价格指数；基年固定资本存量采用 Yong（2000）的方法，以基年固定资产投资除以10%所得。

4. 期望产出

期望产出即希望得到的产出，发展海洋经济的最大目的是促进经济增长，进而改善基础服务设施，保障人权、健康等，提高人们的生活水平，因此以海洋经济生产总值代表期望产出。

5. 非期望产出

研究表明，环境要素在经济发展中起到制约作用，在追求海洋经济高速发展的同时，会产生污染环境的非期望产出。本章选取对海洋生态环境有直接影响的废水直排入海量和二氧化硫（SO_2）排放量，对非期望产出标准化加权求和，形成总的非期望产出。

（二）第二阶段指标选取

外在环境变量是指对海洋经济效率有重要影响的因素，但短期内又不在样本的主观可控范围内。为此，本章在资源、环境、经济系统中选取指标。资源系统方面，选取海洋科研人力资本（海洋科研机构人员数）、政府科教支持力度（政府科技三项支出占财政总支出比重，即国家为支持科技事业发展而设立的新产品试制费、中间试验费和重大科研项目补助费三项费用所占比重）两个指标。经济系统方面，陆域选取陆域经济发展水平（陆域人均 GDP）、地区对外开放水平（进出口贸易总额占 GDP 比重）两个指标；海洋经济选取海洋经济发展水平（海洋人均 GDP）、海洋产业结构水平（第三产业占海洋经济生产总值比重）两个指标。环境系统方面，选取单位海洋经济生产总值能耗（陆域单位GDP 能耗×海洋 GDP 能耗占陆域 GDP 能耗比重）一个指标。

最终构建海洋经济效率第一、第三阶段的投入产出指标及第二阶段的外在环境因素指标，如表 1.1 所示。

表 1.1　海洋经济效率第一、第二、第三阶段指标选取

目标层	准则层	指标层 （第一、第三阶段）	指标层（第二阶段）
投入	资源系统	年末涉海从业总人数/万人 固定资本存量/亿元 海洋机动渔船年末拥有量/艘 星级饭店数量/家 港口码头泊位数/个	海洋科研人力资本/人 政府科教支持力度/%
产出	经济系统	海洋经济生产总值/亿元	陆域经济发展水平/（万元/人） 地区对外开放水平/% 海洋经济发展水平/（万元/人） 海洋产业结构水平/%
	环境系统	废水直排入海量/万吨 SO_2 排放量/吨	单位海洋经济生产总值能耗/（万元/吨）

为避免指标间共线性及与被解释变量之间相关性小等问题，利用 EViews8.0 做回归分析，最终筛选出对各投入冗余量有显著影响的 4 个指标：海洋科研人力资本、陆域经济发展水平、海洋经济发展水平、单位海洋经济生产总值能耗。

（三）数据来源

数据主要源于历年的《中国海洋统计年鉴》《中国环境统计年鉴》《中国统计年鉴》《中国区域经济统计年鉴》《中国城市统计年鉴》，以及各省份的统计年鉴。部分缺失数据，根据实际情况用多重插补法进行平滑处理。

二、研究区概况

中国沿海地区位于亚欧大陆东部，拥有 1.8 万多千米大陆海岸线、1.4 万多千米岛屿岸线、30 平方千米主张管辖海域[①]。我国沿海地区的地形以平原、丘陵为主，地势相对平坦；气候以温带海洋性气候和亚热带海洋性气候为主，雨热同期，土地肥沃，便于农业生产，适合居住；水、矿产、渔业、滩涂等自然资源丰富；有青岛、连云港、大连、舟山、厦门等天然良港。

作为中国经济发展的前沿地带，中国沿海地区具有不可比拟的区位、气候、地形、交通等优势，这些地区经济发达，人口承载力高，已成为孕育新产业、引领新增长的重要区域，以及新时代下区域经济发展新的增长点。根据历年《中国海洋统计年鉴》，2000～2015 年，沿海地区海洋经济占总体经济比例由 2000 年的 7.5% 上升到 2004 年的 16.5%，之后逐渐下降并趋于平稳，2015 年达 12.9%，年均增长率为 3.68%，对国民经济和社会发展起到积极的带动作用。但随着部分地区陆域资源的过度消耗、环境恶化，经济重心不断向海洋转移，在我国海洋经济高度发展的同时，也出现海洋资源开发过度、环境污染严重、自然和人为灾害频率增加、产业结构不合理等负面问题，加之中国沿海各地区由于历史原因出现经济和资源基础差异，海洋经济发展速度和效率参差不齐，更需要我们进一步对中国海洋经济进行研究。

三、结果分析

（一）第一阶段超效率 SBM-Global 模型实证结果分析

根据式（1.1），运用全局参比法计算出中国 2000～2015 年海洋经济效率，发现效率值不超过 1 时，传统 SBM-Global 计算所得结果与超效率 SBM-Global 相同，当决策单元有效时，超效率 SBM-Global 模型明显可对有效决策单元进一步排序分析。因此，将第一、第三阶段 SBM-Global 模型改进为超效率 SBM-Global 模型是合理且必要的。

由表 1.2 可知，在不考虑环境因素和随机误差影响时，第一阶段全国海洋经

---

① 习近平在中共中央政治局第八次集体学习时强调　进一步关心海洋认识海洋经略海洋　推动海洋强国建设不断取得新成就. http://cpc.people.com.cn/shipin/n/2013/0731/c243284-22399656.html[2021-06-15].

济效率平均值为0.54，属于无效率，超过均值的地区占总数的45%，且地区差异较大。其中山东、广东等海洋强省在全国排名中却比较靠后，这可能是受到外部环境因素和随机误差的影响。由图1.1可知，第一阶段效率值呈先上升后下降，最终趋于平稳的趋势，在2003年出现峰值，除2003年峰值效率属中等生态效率外，其他年份均为无效，距离效率高仍有很大空间。

表1.2　中国沿海地区海洋经济效率第一、第三阶段结果对比

地区	天津	河北	辽宁	上海	江苏	浙江	福建	山东	广东	广西	海南	全国
第一阶段	0.87	0.42	0.43	0.78	0.35	0.42	0.62	0.50	0.58	0.26	0.73	0.54
第三阶段	0.80	0.44	0.51	0.89	0.47	0.54	0.55	0.69	0.74	0.28	0.57	0.59
第一阶段排名	1	9	7	2	10	8	4	6	5	11	3	
第三阶段排名	2	10	8	1	9	7	6	4	3	11	5	

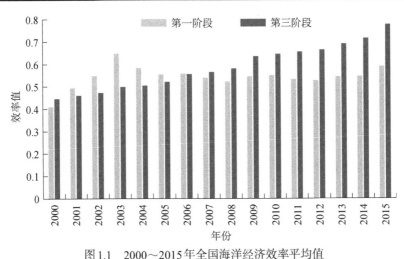

图1.1　2000～2015年全国海洋经济效率平均值

（二）第二阶段相似SFA模型结果分析

以各决策单元三个投入的冗余量为因变量，海洋科研人力资本、陆域经济发展水平、海洋经济发展水平、单位海洋经济生产总值能耗为自变量，构建相似SFA模型，利用Front4.1软件计算得到表1.3。由表1.3可知，γ^2值都大于0.5且都通过了1%水平下的显著性检验，表明各决策单元外部技术效率存在较大差

异，随机误差影响很小。说明第二阶段使用SFA模型对环境变量进行剥离具有合理性。

表1.3　第二阶段相似SFA模型结果分析

项目	涉海从业总人数		固定资本存量		资源投入	
	系数	T值	系数	T值	系数	T值
常数项	56.00	2.40**	2.00	2.10***	−430.00	−5.60***
海洋科研人力资本	110.00	1.50	−0.55	−1.90*	$−0.30 \times 10^4$	−10.00***
海洋经济发展水平	−30.00	−3.40***	0.09	2.20**	2.50×10^4	21.00***
陆域经济发展水平	120.00	4.80***	−0.32	−2.90***	$−6.00 \times 10^4$	−20.00***
单位海洋经济生产总值能耗	$−0.70 \times 10^{-4}$	−0.87	$−0.63 \times 10^{-4}$	−2.10**	6.90	4.60***
σ^2	4.00×10^4	600.00***	0.98	5.20***	3.30×10^8	$3.30 \times 10^{8***}$
γ^2	0.92	100.00***	0.95	100.00***	0.52	9.80***
对数似然函数	−990.00		−39.00		$−0.20 \times 10^4$	

注：*、**和***分别表示在10%、5%和1%显著性水平上显著。

（三）第三阶段调整后超效率SBM-Global模型结果分析

将调整后的投入重新投入MaxDEA计算，得到表1.2。由表1.2可知，与第一阶段相比，各地区第三阶段平均效率值都出现不同程度变化，海南、福建、天津效率值下降，说明这3个地区第一阶段受到好的外部环境和其他因素影响，出现效率高估现象，其余地区相对效率值均上升，表明这些地区在第三阶段剔除外在环境因素和随机误差影响后，其内部真正的管理技术效率上升。

调整后的名次除广西仍为倒数第一外，其他各地区均有不同程度的变动，其中山东上升2名，福建和海南下降2名，天津、河北、辽宁下降1名，江苏、浙江、上海上升1名。从图1.1的2000～2015年全国海洋经济效率平均值来看，第三阶段内部管理效率整体稳步上升，第一阶段效率先上升再下降，最后趋于平稳，且存在整体低估现象。以上分析表明，使用第三阶段超效率SBM-Global模型来研究中国海洋经济效率很有必要。

第三节　海洋经济效率时空演化特征

一、海洋经济效率时间演化分析

（一）标准差、变异系数分析方法

为展示我国海洋经济效率在时间上的差异，采用标准差（S）和变异系数（D）分别表示海洋经济效率的绝对差异和相对差异。二者数值越大，表明各地区海洋经济效率在时间上的差异越大。

$$S = \sqrt{\sum_{i=1}^{n}(X_i - \overline{X})/n} \tag{1.5}$$

$$D = S/\overline{X} \tag{1.6}$$

式（1.5）中，i=1，2，…，n 为研究区域内地区个数；X_i 为各地区海洋经济效率值；$\overline{X}$ 为研究区域内各地区每年海洋经济效率均值。

（二）海洋经济效率时间演化特征

由图 1.1 可知，2000～2008 年海洋经济效率无效，2008 年以后逐渐升高至 2015 年的 0.78，整体呈稳步上升态势，有望升到效率良好区。在效率增长率方面，2000～2005 年，海洋经济效率增长率先上升后下降，但总体呈波动上升的态势，平均增长率为 1.5%；2006～2010 年，除 2009 年比较突出外，其余较为平稳，平均增长率为 2.5%；2011～2015 年的后三年增长率基本呈直线上升趋势，由 2013 年的 2.7% 增加到 2015 年的 6.2%，平均增长率为 1.2%，中国沿海地区海洋经济效率增长率整体呈波动上升趋势。效率类型也从侧面佐证了此趋势，有效省份占比从 2000 年的 9% 上升到 2015 年的 64%，有效省份由上海一市增加到上海、天津等 7 个；2007 年以后开始出现效率中等省份，2015 年中等以上效率的省份占比高达 36%；2012 年以后上海、天津两市达到效率高效。

分析其原因，2000～2005 年，国家提出海洋经济处于快速成长期，要大力开发海洋经济并使其保持高速增长，把发展海洋经济作为振兴国民经济的重大举措，但同时也存在重规模轻质量的粗放发展模式，造成资源浪费和环境污染；2006～2010 年，国家确立加快建设"资源节约型、环境友好型社会"总体思路,开始调结构、转方式,但边际效应未显现,特别是2007年和2008年海洋经济效率增长率仅为0.9%和1.5%,2009年环保投入在边际效应显现后上升到5.5%;2011~2015年延续上一个五年规划趋势,增长较平稳。在此期间,我国深入践行科学发展观,继续加快建设资源节约型、环境友好型社会,坚持海陆统筹,开创科学发展新局面,海洋经济由速度规模型向质量效益型转变。

为体现各地区时序上的差异,结合标准差和变异系数公式,得到海洋经济效率绝对差异和相对差异,如图1.2所示。由图1.2可知,表征绝对差异的标准差与表征相对差异的变异系数走势基本一致,基本呈稳步上升趋势,但相对差异趋势稍缓,2000~2005年二者增长趋势较缓,标准差与变异系数的平均增长率分别为3.9%和2.2%;2006~2010年增长加快,2009年都出现阶段内峰值,标准差与变异系数的平均增长率分别达7.3%和3.8%;2011~2015年增长速度最快,2015年均出现研究阶段内最高值,标准差与变异系数的平均增长率分别高达11.2%和6.2%。总体上,中国沿海地区海洋经济效率区域绝对差异和相对差异稳步上升。

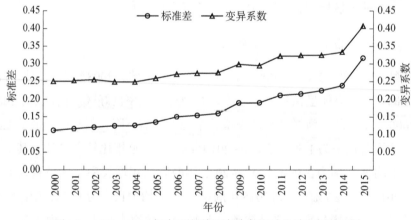

图1.2　2000~2015年中国海洋经济效率绝对差异和相对差异

究其原因,2000~2005年,此时海洋经济发展处于起步阶段,偏重经济增长速度,各地区大力开发海洋资源,扩大海洋经济规模,此时天津、上海等地区科技、产业结构等优势都还未发挥作用,各地区海洋经济效率相对都较低,海洋经济区域绝对差异和相对差异都较小且增长缓慢。2006~2010年,我国开始构建资源节约型、环境友好型社会,改变之前产业单一、开发方式粗放的发展模式,注重对环境和生态保护的投资,但初期经济基础好的地区如上海、天津、广东等环境边际效应并未显现，2009年边际效应显现，效率迅速上升，效率地区绝对和相对差异变大。2011～2015年，国家强调陆海统筹，着力推进海洋产业结构调整升级，增强科技创新能力，加强对海洋资源的集约利用和生态环境保护，保有领先优势的地区产业结构逐渐合理，发展更多科技含量高、环境污染少的新兴产业，相对落后地区则更容易承接资源消耗高、环境污染大的海洋产业，海洋经济效率中地区绝对差异和相对差异迅速上升。

二、海洋经济效率空间演化分析

（一）SDE分析方法

SDE由Lefever（1926）提出，现多用于刻画地理要素在二维空间的分布和移动特征，主要以中心、长轴、短轴为基本参数对地理要素进行定量描述。公式如下：

$$\overline{X_w} = \frac{\sum_{i=1}^{n} w_i x_i}{\sum_{i=1}^{n} w_i} \tag{1.7}$$

$$\overline{Y_w} = \frac{\sum_{i=1}^{n} w_i y_i}{\sum_{i=1}^{n} w_i} \tag{1.8}$$

$$\sigma_x = \frac{\sqrt{\sum_{i=1}^{n} (w_i \overline{x_i} \cos\theta - w_i \overline{y_i} \sin\theta)}}{\sum_{i=1}^{n} w_i^2} \tag{1.9}$$

$$\sigma_y = \frac{\sqrt{\sum_{i=1}^{n} (w_i \overline{x_i} \sin\theta - w_i \overline{y_i} \cos\theta)}}{\sum_{i=1}^{n} w_i^2} \tag{1.10}$$

其中，$i=1, 2, \cdots, n$ 为研究区域内地区个数；（x_i, y_i）为研究对象的空间区位（经纬坐标）；w_i 为权重；（$\overline{x_i}, \overline{y_i}$）为各地区中心点地理坐标与重心位置坐标形成的坐标差；σ_x 和 σ_y 分别为沿x轴和y轴的标准差。短半轴反映次要趋势方向的离散程度，长半轴反映主趋势方向的离散程度。

（二）重心模型

重心概念最早来源于物理学，而后地理学引入重心概念用于解决区域属性的空间动态变迁。海洋生态效率重心是指在沿海区域空间上存在某一点，在该点各方向的力量相对保持平衡。效率重心偏离的方向指示了海洋生态效率的"高密度"部位，偏离的距离表示非均衡程度。通过刻画海洋生态效率的空间集聚特征及偏移路径，能够更好地反映海洋生态效率的空间演化过程及其阶段性特征。计算公式如下：

$$\begin{cases} \bar{x} = \sum_{i=1}^{n} M_i X_i \bigg/ \sum_{i=1}^{n} M_i \\ \bar{y} = \sum_{i=1}^{n} M_i Y_i \bigg/ \sum_{i=1}^{n} M_i \end{cases} \qquad (1.11)$$

式（1.11）中，（$\bar{x}$，$\bar{y}$）为区域重心坐标；（X_i，Y_i）为各研究单元坐标，即沿海11个省份主要沿海城市的坐标，M_i为沿海11个省份海洋经济效率值。

（三）中国沿海地区海洋经济效率空间动态分布

2000～2015年，中国沿海地区海洋经济效率重心转移轨迹如图1.3（a）所示。由图1.3（a）可知，海洋重心移动以2005年、2008年、2010年为转折点，分为四个阶段。在重心转移方向上总体来看，2000～2005年、2008～2010年明显向西南偏移，2005～2008年、2010～2015年明显向东北偏移，向北总距离超过向南总距离，向东总距离超过向西总距离，南北移动总距离大于东西移动总距离，其中南北移动总距离是东西移动总距离的10.6倍；总位移为29.1千米，其中向东移动16.4千米，向北移动141.7千米[图1.3（b）]。效率重心总体上呈东北—西南分布，2000～2005年由东部海洋经济圈向南部海洋经济圈方向转移；2005～2008年向东部和北部海洋经济圈方向转移；2008～2010年再次向南部海洋经济圈方向转移；2010～2015年则向北部海洋经济圈方向转移。

标准差椭圆分布情况如图1.4所示。由图1.4可知，长半轴标准差始终大于短半轴标准差，分布方向明显；长短半轴标准差整体上先减小后增大，2000～2006年长半轴和短半轴标准差总体上减小，椭圆面积逐渐减小，海洋经济效率呈收缩趋势；2010～2015年长半轴和短半轴标准差总体上增大，椭圆面积不断增大，海洋经济效率均呈扩大趋势，北、东、南海洋经济圈势均力敌，呈三足鼎立之势，与中国现阶段的环渤海、长三角、珠江三角洲（简称珠三角）三大经济圈发展现状相吻合。

2000～2005年国家将国民经济保持较快发展速度，同时经济增长质量和效益显著提高作为主要目标，此时先天资源条件占优势的珠三角地区，以及海南

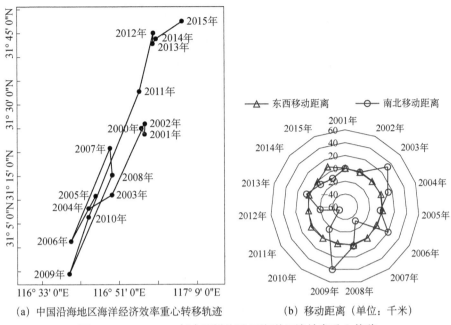

（a）中国沿海地区海洋经济效率重心转移轨迹　　（b）移动距离（单位：千米）

图1.3　2000～2015年中国沿海地区海洋经济效率重心偏移

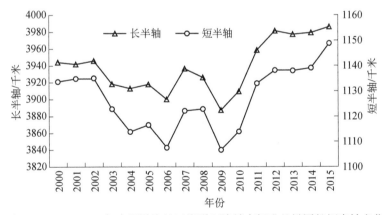

图1.4　2000～2015年中国沿海地区海洋经济效率标准差椭圆长短半轴变化

省，海洋经济效率迅速上升，所以效率重心由东部海洋经济圈向南部转移。2005～2008年提出以发展新兴技术和提高服务业为主，此时经济基础雄厚的环渤海沿海地区和长三角沿海地区在科技和环境生态方面的边际效应开始显现，经济效率明显提升，重心东移和北移。2008～2010年效率重心向东部沿海经济圈转移，上海是中国国际经济、金融、航运、贸易中心，多年来一直保持世界第一大港的地位；江苏发挥中国重要的交通枢纽功能，并打造沿海新型工业基地；浙江为中国大宗国际物流中心，在生态和环境保护方面也因其强大的经济实力，取得了良好效果，因此，东部沿海经济圈海洋经济效率领先三大经济圈。2010~2015年国家经济进入新常态，国家相继提出发展海洋强国、"一带一路"倡议等发展海洋经济政策，京津冀一体化逐步开展，山东半岛蓝色经济区建设逐渐步入正轨，上海自由贸易试验区成立，海洋经济效率重心逐渐向北部海洋经济圈转移。

（四）三大海洋经济圈内部海洋经济效率空间动态分布

中国沿海海洋经济效率地区差异明显，整体上呈现北、东、南三级格局分布。为展示各区域内部海洋经济效率空间动态演变规律，根据国家海洋经济规划总体布局，分别对北部（辽宁—河北—天津—山东）、东部（江苏—上海—浙江）、南部（福建—广东—广西—海南）三大海洋经济圈进行研究，如图1.5所示。

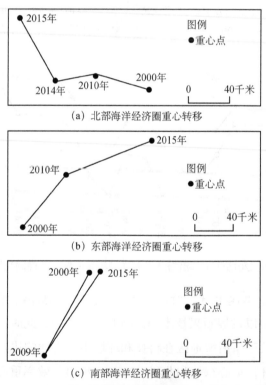

图1.5 2000~2015年三大海洋经济圈海洋经济效率重心转移轨迹

由图1.5可知，北部海洋经济圈重心转移大致呈L状，主要分为2000~2010年、2010~2014年、2014~2015年三个阶段。2000~2010年效率重心向西偏北转移，天津作为最早的沿海开放城市，经济基础雄厚，2005 年天津滨海新区成立，成为带动天津海洋经济发展的新引擎，且天津在京津冀一体化过程中，科研投入和利用率不断提高，经济效率增速明显。2003 年，中共中央、国务院发布《关于实施东北地区等老工业基地振兴战略的若干意见》，利用先天港口的条件及优势扩大对外开放政策，为辽宁省的海洋经济发展添加了一针强心剂。2010~2014 年，山东省凭借其自身优越的地理条件及强大的海洋科研实力，在国家提出打造山东半岛蓝色经济区的国家战略后，其"建设具有较强国际竞争力的现代海洋产业集聚区、具有世界先进水平的海洋科技教育核心区、国家海洋经济改革开放先行区和全国重要的海洋生态文明示范区"[①]的战略定位作用逐渐突显，形成了新的经济增长极。2014~2015 年，重心大幅度向西北方向转移，天津海洋生物医药、海洋装备制造等海洋新兴产业迅速发展，传统产业不断改造升级，《天津市科技兴海行动计划（2016—2020 年）》政策边际效应显现，同时，辽宁省沿海带作为东北地区出海口，在两次东北振兴格局中发挥重要区位优势，海洋经济效率由无效变为效率良好。

东部海洋经济圈重心转移轨迹主要分为 2000~2010 年、2010~2015 年两个阶段。2000~2010 年效率重心由西南向东偏北（上海）转移，上海作为首批对外开放城市，经济基础雄厚，北接江苏，南临浙江，区位优势明显，其海洋交通和海洋船舶业在全国保有领先地位，海洋生物医药等新兴产业发展速度快，形成以海洋第三产业为主、第一产业占比不到 1%的特色产业结构，同时在海洋环保方面实施了两轮"环保三年行动计划"，海洋生态状况得到有效监控。2010~2015 年效率重心继续向东北方向偏移，且东偏幅度较大，这是由于上海的海洋经济效率依旧处于领先地位；国务院批复首个国家级海洋经济示范区规划——《浙江海洋经济发展示范区规划》，将浙江省海洋经济发展纳入国家策略，而浙江省已较早地推行资源市场化配置，市场机制规范、灵活，因此在海洋经济优化配置、促进海洋经济可持续发展等方面取得了卓越成果。

南部海洋经济圈的重心转移规律分为 2000~2009 年和 2009~2015 年两个阶段。2000~2009 年海洋经济效率重心向西南方向（海南）转移，主要原因是海南油气矿产等海洋资源丰富，以海洋油气利用为主的海洋新兴产业迅速发展，滨海旅游业和海岛旅游业发达。据《中国海洋统计年鉴 2010》数据，海洋第三

---

① 2011 年 1 月 4 日，国务院国函〔2011〕1 号文件《山东半岛蓝色经济区发展规划》。

产业比重高达50%以上，整体环境水平优越，海洋经济效率高。2009~2015年其重心向东北方向（广东、福建）转移，广东、福建两省海洋经济起步早，依托珠三角区位优势，不断地推进海洋经济产业结构调整升级，发展战略性新兴产业和高新技术产业，增强科技创新能力，强化对海洋资源的集约利用和生态环境的保护，在海洋经济效率方面优势显著。

第四节　海洋经济效率影响因素分析

一、变量选择

在对海洋经济效率影响因素的相关研究中，狄乾斌和梁倩颖（2018）从政府对海洋支持力度、经济对外开放水平、海洋经济发展水平、陆域经济发展水平、海洋产业结构、海洋科研人力资本等方面，对海洋经济综合效率影响因素进行了回归分析；赵林等（2016a，2016b）从海洋经济发展的要素层和动力层出发，分别从政府、陆域、海域、科技、环保、对外开放等方面选取指标，利用回归方程分析了海洋经济效率影响机制；丁黎黎等（2018）从陆域经济、海洋经济、政府监管视角出发来选取指标，通过面板回归模型分析发现，陆域工业发展规模对海洋经济效率产生负影响，港口经济发展水平、沿海国际直接投资对其影响不显著，海洋产业结构水平有显著正向影响；邹玮等（2017）从海洋经济相关领域出发，选取经济发展水平、产业结构、外商直接投资、区位优势和科教投入作为测算分析环渤海地区海洋经济效率时空演化的影响因素。

在总结以往相关研究的基础上，本章以海洋经济效率为被解释变量，从海洋经济区位优势、海洋产业结构水平、海洋科研水平、海洋环保水平、海洋经济政策、陆域经济发展水平、对外开放水平、政府对海洋科技支持力度等方面选取海洋经济综合效率的解释变量。

（一）海洋经济区位优势

用海洋经济区位熵（$X1$）表示海洋经济区位优势。区位熵又称专业化率，简单来说就是比率的比率，在衡量某一区域要素的空间分布以及某一产业部门的专业化程度等方面是一个有辨识度的指标。海洋经济区位熵指该省份海洋生产总值在沿海11个省份海洋生产总值中所占比重与该省份经济生产总值在沿海11个省份全部经济生产总值中所占比重的比例，在一定程度上反映了海洋经济在整个国民经济发展中的地位。

（二）海洋产业结构水平

用海洋产业结构（$X2$）表示海洋产业结构水平。产业结构的合理优化能够促进资源要素重组和产业集聚，优化资源配置，形成"结构效应"和"正外部效应"，进而提升地区经济效率水平。海洋经济第一产业主要包括海洋捕捞业、海水养殖业和海水增值产业，作为传统的资源型产业，发展潜力小，对海洋经济效率提升作用有限。海洋第二产业主要包括海洋船舶、海洋油气、海洋盐业等，虽然能够带来可观的经济效益，但同时也会产生更多的环境污染物，对海洋经济效率提升有较大的环境制约作用。海洋第三产业主要指为海洋开发和利用服务的产业，如滨海旅游业和海洋公共服务业等，具有收益高、污染少的特点，海洋第三产业比重已成为判断海洋经济发展水平的标志。

（三）海洋科研水平

用海洋科研人力资本（$X3$）表示海洋科研水平。海洋科技发展水平的提高对提高资源利用率、减少污染排放、增加经济产出等具有显著作用，可以在典型的海洋经济投入产出系统和资源环境经济巨系统的基础上提高海洋经济效率。高水平的科研队伍是高质量科研成果产出的根本保证，海洋科研人力资本以海洋科研人数与涉海从业总人数比值来衡量。

（四）海洋环保水平

用单位海洋经济生产总值能耗（$X4$）表示海洋环保水平。海洋经济在发展过程中会不可避免地产生环境污染物，对海洋生态系统造成危害，影响海洋经济效率的提升以及可持续发展。提高海洋资源利用率，可实现在同等资源投入的情况下，获得更多的经济产出和相对较少的环境污染。单位海洋经济生产总值能耗能反映海洋资源的利用效率和节能降耗的水平，因而用来表示海洋环保水平。

（五）海洋经济政策

用海洋经济政策影响（$X5$）表示海洋经济政策。在海洋经济发展过程中，为转变海洋经济发展方式，调整产业结构，政府往往通过制定海洋经济发展相关规划和政策，如海洋经济发展规划、海洋行业标准及环境政策等对海洋经济发展进行宏观调控，弥补市场机制调节的不足。政府财政支出中的各项支出在一定程度上代表了政府的活动范围和方向，反映财政资金的分配关系，因而海洋经济政策影响指标用该省份对海洋经济投资总额表示。

（六）陆域经济发展水平

用陆域人均GDP（$Z1$）表示陆域经济发展水平。海洋经济发展在一定程度上说是对陆域经济的延伸，陆域经济发展为海洋经济发展提供资金和技术支持，同时海洋经济发展也为陆域经济发展提供资源和空间，因而陆域经济发展水平对海洋经济效率的提高具有重要影响。

（七）对外开放水平

用进出口贸易总额与陆域GDP比值（$Z2$）表示对外开放水平。对外开放水平代表了利用外资和吸收外来技术的能力，提高对外开放水平是参与国际合作和竞争的重要方式，还可以带来技术和管理经验的合作。

（八）政府对海洋科技支持力度

用政府对海洋科技投资（$Z3$）表示政府对海洋科技支持力度。政府对海洋科技的支持力度代表了政府在科技创新发展层面的引领作用，会吸引相关资源在此领域集聚，这种有目的的引导对提高海洋经济效率具有不可忽视的作用。

二、面板门槛模型构建

门槛阈值效应（threshold effect）是指当某一个经济参数达到特定临界值后，引起另一个经济参数在方向上或数量上变化，发生结构突变现象，该经济参数的临界值即为门槛。门槛回归的核心思想是如何确定导致经济系统结构发生突变的临界值，即结构变化发生于经济系统内部，在一定程度上避免主观判断临界值导致的统计误差和估计偏误。面板门槛回归模型为非单一线性计量模型，以某一变量为门槛变量，有效捕捉被解释变量随门槛变量变化而可能发生变化的临界点，即门槛值，以更准确地展示回归系数的变化。

在对中国沿海地区海洋经济效率影响因素的研究方面，不同学者针对不同时期的同一影响因素有着不同的研究结论，如邹玮等（2017）得出沿海地区经济发展水平对海洋经济效率影响不显著，赵林等（2016a，2016b）得出沿海地区经济发展水平对海洋经济效率具有显著的正影响。因此，在海洋经济效率影响因素与海洋经济效率之间有极大可能存在使影响程度发生变化的门槛值，即海洋经济效率的解释变量与被解释变量之间存在非线性关系。本章以海洋经济效率（Y）为被解释变量；以海洋经济区位熵（$X1$）、海洋产业结构（$X2$）、海洋科研人力资本（$X3$）、单位海洋经济生产总值能耗（$X4$）、海洋经济政策影响（$X5$）为解释变量；以陆域人均 GDP（$Z1$）、进出口贸易总额与陆域 GDP 比值（$Z2$）、政府对海洋科技投资（$Z3$）为控制变量（为防止数据不平稳，对其取对数）构建面板门槛模型。借鉴 Feenstra 和 Hanson（1999）面板门槛模型，构建海洋经济效率影响因素面板门槛模型：

$$Y_{it} = \alpha + \beta_1 X_{it} \times I(M \leq \delta_1) + \beta_2 X_{it} \times I(\delta_1 < M \leq \delta_2) + \beta_3 X_{it} I(\delta_2 < M \geq \delta_3)$$
$$+ \beta_4 X_{it} I(\delta_3 < M \leq \delta_4) + \beta_5 X_{it} I(M \geq \delta_4) + \gamma_1 Z_{it} + \gamma_2 Z_{it} + \gamma_3 Z_{it} + \mu_i + \varepsilon_{it}$$
$$(1.12)$$

式（1.12）中，i 和 t 分别为地区和时间；Y_{it} 为被解释变量；X_{it} 为核心解释变量；Z_{it} 为控制变量；α 为截距项；$\beta_1 \sim \beta_5$ 为核心解释变量估计系数；$\gamma_1 \sim \gamma_3$ 为控制变量估计系数；M 为门槛变量；δ 为待估的门槛值；$I(.)$ 为示性函数；μ_i 为不随时间变化的各省截面的个体差异，即模型为个体固定效应模型；ε_{it} 为随机干扰项且服从独立分布。

三、海洋经济效率影响因素分析

（一）门槛回归估计

采用面板门槛模型分析海洋经济效率影响因素，其优点在于可判断解释变量对被解释变量的边际影响是否存在拐点，以及在拐点前后会发生怎样的变化。在进行门槛回归估计之前，首先对模型的非线性门槛效应进行检验，即确定是否存在门槛效应以及确定门槛个数。本章借鉴吴伟平和刘乃全（2016）的做法，根据式（1.12），借助Stata13.0统计分析软件分别对模型的单一门槛、双重门槛和三重门槛效应进行检验。并利用自助法（bootstrap），通过500次重复抽样估算大样本渐近P值、F值和统计量在1%、5%和10%显著性水平上分别对应的临界值。检验结果如表1.4所示。

表1.4　中国沿海地区海洋经济效率影响因素门槛估计结果

门槛变量	门槛数	F值	1%	5%	10%	门槛值	置信区间
陆域人均GDP	单一	40.05**	65.29	31.91	20.67	0.90	[0.82，0.93]
	双重	5.15	35.78	16.57	11.56	6.31	[4.92，6.71]
	三重	6.52*	11.71	7.07	5.07	4.95	[0.73，7.93]
海洋产业结构	单一	22.41	54.00	34.40	27.04	0.61	[0.26，0.65]
	双重	4.22	17.13	10.99	8.72	0.65	[0.61，0.68]
	三重	10.16	24.46	13.10	10.82	0.29	[0.26，0.56]
海洋科研人力资本	单一	7.23*	21.15	11.03	7.27	1.42	[0.00，2.70]
	双重	2.94	17.90	11.76	6.27	8.43	[0.03，10.16]
	三重	12.01***	14.17	9.20	7.39	2.42	[0.03，2.70]
单位海洋经济生产总值能耗	单一	12.63*	25.39	17.20	12.66	0.46	[0.05，0.58]
	双重	11.46	23.04	15.46	12.02	0.56	[0.05，0.78]
	三重	5.52	23.15	16.50	10.29	0.05	[0.05，0.38]
海洋经济政策影响	单一	6.82	20.94	11.74	7.55	196.15	[34.66，801.78]
	双重	15.87*	34.95	20.98	9.92	1178.78	[1128.39，1188.60]
	三重	1.71	13.81	8.07	6.22	540.85	[34.66，619.47]

注：*、**、***分别表示在10%、5%、1%的水平上显著。

由表1.4可知，以陆域人均GDP为门槛变量，海洋经济区位熵为核心解释变量，海洋经济区位熵值对海洋经济效率在5%水平上存在显著单一门槛效应；以海洋科研人力资本为门槛变量和核心解释变量，在10%的水平上存在单一门槛效应，并且在1%的水平上存在显著三重门槛效应；以单位海洋经济生产总值能耗为门槛变量和核心解释变量，在10%的水平上存在显著单一门槛效应；以海洋产业结构为门槛变量和核心解释变量、以海洋经济政策影响为门槛变量和核心解释变量则对海洋经济不存在单一门槛效应。

（二）门槛回归分析

由表1.4可知，在门槛参数回归结果中，以陆域人均GDP为门槛变量，海洋经济区位熵为核心解释变量，以0.9万元/人为临界值存在单一门槛效应；以海洋产业结构为门槛变量和核心解释变量，不存在门槛效应；以海洋科研人力资本为门槛变量和核心解释变量，在10%的水平上存在单一门槛效应；以单位海洋经济生产总值能耗为门槛变量和核心解释变量，存在以0.46为临界值的单一门槛效应；以海洋经济政策影响为门槛变量和核心解释变量，不存在单一门槛效应。

当陆域人均GDP低于0.9万元/人时，海洋经济区位熵对海洋经济效率起负向作用，虽然海陆经济联系紧密，但海洋经济起步晚，最初只是作为陆域经济发展空间能源不足及污染严重的补充和延伸，但海洋经济对陆域经济有一定的依赖性，在陆域经济发展水平没有达到一定程度时，对海洋经济更多的是索取；当陆域人均GDP高于0.9万元/人时，陆域经济发展更加成熟，有更多人力、物力、财力来扶持海洋经济发展，陆域经济开始反哺海洋经济，海洋经济区位熵对海洋经济效率提高起到正向促进作用。

由表1.4可知，海洋科研人力资本以每1000个海洋从业人员中有1.42个海洋科研人员为临界点，存在单一门槛效应。当小于临界值时，海洋科研人力资本对海洋经济效率影响系数显著为正，此时海洋科研人力资本吸收外来的科学技术并对其进行创新，对尚处于粗放式发展阶段的海洋经济起到促进作用；当大于临界值时，海洋科研人力资本对海洋经济效率的提高作用不显著，主要原因是中国海洋经济还处于产业结构转型过程中，多数地区仍以劳动密集型海洋产业为主，对高新技术产业的需求量有限，另外国内海洋科技成果中，内生技术创新不足，多是对外来技术的模仿，真正科技产业和产品转化率不高。

由表1.4和表1.5可知，单位海洋经济生产总值能耗即海洋科技环保水平与海洋经济效率存在非线性关系，以0.46为临界点，存在单一门槛效应。单位海洋经济生产总值能耗小于0.46时，海洋科技环保水平对海洋经济效率有显著的促进作用，即海洋经济生产总值能耗每提高1个单位，海洋经济效率提高0.531。当单位海洋经济生产总值能耗大于0.46时，海洋科技环保水平对海洋经济效率提高的促进作用不再明显。因此，在发展海洋经济时，应大力提高海洋科技环保水平，借此提高资源利用率。

陆域经济发展水平、海洋产业结构水平、海洋科研水平、海洋经济政策对海洋经济效率影响显著正相关。作为海洋经济腹地的陆域经济为海洋经济发展提供人力、物力、财力支持，因此陆域经济发展对海洋经济发展有显著正影响，今后海洋经济发展应更注重海陆经济协同发展。海洋第三产业比重提高在

表 1.5 中国沿海地区海洋经济效率影响因素门槛参数回归结果

	Y（Z1门槛变量）		Y（X2门槛变量）		Y（X3门槛变量）		Y（X4门槛变量）		Y（X5门槛变量）	
	系数	置信区间	系数	置信区间	系数	置信区间	系数	置信区间	系数	置信区间
Z1	0.023***	[0.011, 0.035]	0.018***	[0.005, 0.031]	0.022***	[0.008, 0.035]	0.011	[-0.002, 0.025]	0.022***	[0.014, 0.042]
Z2	-0.039	[-0.094, 0.017]	-0.070*	[-0.128, -0.012]	-0.068**	[-0.128, -0.008]	-0.062**	[-0.121, 0.003]	-0.073**	[-0.131, -0.014]
Z3	0.040***	[0.029, 0.052]	0.041***	[0.030, 0.053]	0.051***	[0.038, 0.063]	0.058***	[0.044, 0.071]	0.045***	[0.032, 0.054]
X1-1×I	-0.522***	[-0.673, -0.371]								
X1-2×I	0.064**	[0.012, 0.124]								
X2			0.320***	[0.171, 0.470]						
X3-1×I					0.016***	[0.004, 0.028]				
X3-2×I					0.003	[-0.001, 0.007]				
X4-1×I							0.531***	[0.129, 0.932]		
X4-2×I							0.531***	[-0.094, 0.383]		
X5									0.243***	[0.012, 0.383]

注：① X1 为海洋经济区位熵、X2 为海洋产业结构、X3 为海洋科研人力资本、X4 为单位海洋经济生产总值能耗、X5 为海洋经济产政策影响，Z1 为陆域人均GDP、Z2 为进出口贸易总额与陆域GDP比值，Z3 为政府对海洋科技投资。

② X1、X2、X3、X4是与门槛变量Z1、X2、X3、X4对应的核心解释变量，门槛变量对应取值范围：X1-1×I（X1≤0.90）、X1-2×I（X1≤0.90）、X3-1×I（X3≤1.42）、X3-2×I（X3≤1.42）、X4-1×I（X4≤0.46）、X4-2×I（X4≤0.46）。

海洋经济效率提高中起显著的促进作用,中国大部分沿海地区的海洋第三产业占比不高,因此在改善产业结构和提高三产内部经济效率方面任重而道远。政府对海洋科技支持力度虽然能促进海洋经济效率的提升,但影响力度较小,未来应提高政府对海洋科技扶持力度,并注重引导海洋科技成果向海洋产业及产品转化。海洋经济政策增加力度对海洋经济效率的提高具有显著的促进作用。由表1.5可知,海洋经济政策影响每增加1个单位,海洋经济效率增加0.243个单位。据上文分析,国家以及地区的海洋经济政策对海洋经济效率的时空动态演变起着至关重要的作用,在以市场这只看不见的手发挥基础调控功能的基础上,必须发挥政府宏观调控这只看得见的手的作用,同时也应该注意把握尺度,避免造成政策性浪费,保持政府扶持与自主发展相结合。对外开放水平提高虽然能够促进海洋经济发展,但同时可能存在发达国家为改善自身环境状况,将高污染、高消耗的海洋产业向其他国家转移的现象,同时中国出口商品中初级产品和资源性商品比重高,在国际竞争状况下对提高海洋经济效率效果不明显。

第五节 小 结

超效率SBM-Global模型分析表明,在第一阶段中,中国海洋经济效率呈先上升后下降,最终趋于平稳的趋势,海洋经济效率发展进步空间大,其中山东、广东等省份可能受外在环境因素影响,排名与实际不符;在第二阶段中,环境变量对投入冗余影响显著,各决策单元外部技术效率存在较大差异,随机误差影响很小;在第三阶段中,中国整体效率稳步上升,除广西外,各省份排名有不同程度变动,山东、广西等排名更加符合实际,由此证明使用基于非期望产出的三阶段超效率SBM-Global模型研究中国海洋经济效率很有必要。从时间上看,中国海洋经济效率增长率整体呈波动上升的态势,有效省份占比从2000年的9%上升到2015年的64%,海洋经济效率区域的标准差及变异系数在稳步提升。从空间上看,中国标准差椭圆呈南(偏西)北(偏东)分布,海洋经济效率分布先紧缩后扩大,重心总体上呈东北—西南移动趋势,最终向东北方向移动。北部、南部海洋经济圈标准差椭圆呈西南—东北走向,东部呈西北

—东南走向，三大海洋经济圈椭圆面积总体不断缩小，内部地区差异不断增大。陆域人均GDP、海洋科研人力资本、单位海洋经济生产总值能耗与海洋经济效率之间存在非线性关系，陆域人均GDP以0.9万元/人为分界点，低于该值时，对海洋经济效率呈负影响，高于该值时，呈正影响；海洋科研人力资本以每1000个海洋从业人员中有1.42个海洋科研人员为临界点，小于临界值时，对海洋经济效率影响系数显著为正，大于临界值时，对海洋经济效率提高作用不显著；单位海洋经济生产总值能耗以0.46为临界点，存在单一门槛效应，小于0.46时，对海洋经济效率呈正影响，大于0.46时，影响不显著。陆域经济发展水平、海洋产业结构水平、海洋科研水平、海洋经济政策对海洋经济效率影响呈显著正相关，对外开放水平对其影响呈显著负相关。

根据该章结论以及各地区的实际发展状况，为提高中国沿海各地区的海洋经济效率提出了以下针对性建议。

（1）天津应抢抓京津冀协同发展、"一带一路"倡议和承建北方国际航运中心临港产业承载区等机遇，充分利用京津冀城市圈的资本、技术、配套产业，同时也应在京津冀一体化过程中支持和帮扶河北。

（2）河北作为北部海洋经济圈发展相对落后地区，需加强同邻近海洋经济发达地区如天津和山东的交流合作，引进其先进经验及技术，同时也应注意节能减排，优化产业结构，发展海洋新兴产业，增加海洋第三产业比重。

（3）辽宁应充分利用好振兴东北老工业基地的国家政策，以及辽宁沿海经济带作为东北地区对外开放的重要平台、东北亚重要的国际航运中心的优势地位，提高对外开放水平，同时注重海洋新兴产业发展，做到在发展中保护、在保护中发展。

（4）上海在海洋资源相对缺乏的条件下，应走高端化发展路线，侧重科技创新，发挥"一带一路"倡议支点作用，将上海定位为全球海洋中心城市。充分发挥贸易集聚、资源配置和贸易创新为代表的核心功能，发挥其在东部海洋经济圈的龙头作用，发挥对江苏和浙江的海洋经济涓滴作用。虽然上海已经形成"三二一"的经济产业结构模式并且第三产业占据绝对主导地位，但第三产业内部的相关发展内容还不协调，需要加强海洋科研教育、海洋科技服务、海洋社会服务等海洋第三产业产值占比，加速海洋产业向高级化转变，同时其整体的海洋基础管理也有待加强。

（5）江苏虽为经济强省，但海洋经济总量不高，对经济贡献率较低，需要科技含量高、引领作用强、经济总量大的项目拉动，传统产业结构也需进一步调整，做好陆海统筹，并充分利用其长三角的优势区位，加强合作交流。

（6）浙江依托《浙江海洋经济发展示范区规划》，加快建设"一个中心，四个示范区"，提高海洋新兴战略性产业比重和科技转化率，优化产业结构，逐渐改变其传统的劳动密集型海洋作业方式。

（7）福建作为海峡蓝色经济带，不仅具有区位优势，且资源丰富，可在此基础上提高海洋资源开发深度，并深化同闽台地区的海洋经济合作交流，积极融入海洋丝绸之路建设，串起福建连通东盟、南亚、西亚、北非、东非、欧洲等各大经济板块的市场链。同时推进沿海产业群、城市群、港口群的联动发展，实现陆海统筹发展，进一步提升产业层次，促进海洋科技创新研发体系，实现海洋科技成果转化和产业化发展目标。

（8）山东作为海洋经济强省，应继续发展优势产业，加强港城港陆协同，促进陆海产业融合发展，为海洋经济基础薄弱、资源利用率低的河北提供经验和支持，带动北部海洋经济圈整体效率的提高，同时也应加强国际海洋创新领域的交流合作，在环渤海经济圈的北部海洋经济圈起到科技引领作用。

（9）广东是海洋强省，在充分发挥深圳作为"一带一路"节点城市作用的基础上，利用倚靠粤港澳大湾区的区位优势，积极推进海洋经济的纵向深入发展交流。

（10）广西可以利用北部湾的区位优势，加强同东盟的交流合作，通过科技合作促进海洋产业结构的调整升级，在保障海洋第一、第二产业稳步发展的基础上，大力发展海洋第三产业，特别是海洋新兴产业。此外，应以海洋第一、第二产业发展为主，所以要高度重视海洋生态保护，加强海洋环保立法，提高执法力度，同时充分利用好区位优势，并向广东借鉴学习。

（11）海南应继续加强国际旅游岛的建设，打造低碳海南，将生态优势转化为经济优势，并抓住"21世纪海上丝绸之路"建设机遇，发挥直接面向南海周边国家和"21世纪海上丝绸之路"沿线国家的区位优势。

辽宁省沿海地区海洋生态效率
及影响因素

第一节 引 言

一、研究背景

目前，全球已有100多个国家将发展的战略重点转向海洋，并将利用海洋作为本国的基本战略。其中，美国率先于1972年颁布《海岸带管理法》，2004年制定《21世纪海洋蓝图》；加拿大在2002年颁布《21世纪海洋战略》；进入21世纪后，英国正式启动综合性海洋法的制定工作，经过英国各界多年的努力，2009年英国政府发布《英国海洋法》；日本提出实现海洋强国的战略规划，要将优势科技优先使用到海洋开发过程中。

辽宁省毗邻渤海和黄海，面向东北亚国家，是东北老工业基地之一，包括大连、丹东、锦州、营口、盘锦和葫芦岛共6个沿海城市，具有得天独厚的资源环境条件，海岸线资源丰富，宜港海岸线长度达到1000千米，拥有较广阔的海陆经济腹地面积，其中陆域面积5.65万平方千米、海域面积约6.8万平方千米①。该地区为温带海洋性气候，冬无严寒，夏无酷暑，海洋生物资源丰富，湿地以及可利用低产盐碱地面积可观，土地资源优势和先进的技术支撑使该地区成为东北沿海地区经济较发达的地区。辽宁省政府于2005年提出建设"五点一线"沿海经济带的发展思路，2009年其沿海经济带建设被上升为国家战略②。但随着海洋经济发展的不断深入、工业化进程的不断加快，海洋生态环境退化、海洋灾害和海洋生物多样性减少等一系列生态环境问题引起辽宁省政府的高度重视。以海洋交通运输业、海洋油气、装备制造业为主的临港工业体系，产业结构重型化，废水处理达标率低，加之河流大多贯穿全省，使得海洋环境问题严重。根据2000~2016年《辽宁省统计年鉴》，2001~2015年，辽宁省工业和生活废水排放总量由79 048万吨上升到131 337万吨，无机氮、磷酸盐的超标倍数较高；生活垃圾、工业固体废弃物、滨海旅游业带来的垃圾以及漂浮微塑料污染在海岸带富集，海、陆污染源共同对海洋生态环境造成破坏，加之渤海属于半封闭内海，海水交换和自净能力较差，引起海洋赤潮灾害和水体富营

---

① 辽宁概况. http://www.ln.gov.cn/[2021-03-25].

② 辽宁沿海经济带开发纳入国家战略. http://money.163.com/special/00253G89/lnyhjjd.html[2021-10-15].

养化，渔业产量锐减，海洋生态环境问题加剧。2015年，辽宁省所管辖海域，全年符合第四类海水水质标准的面积为1660平方千米，占2.44%，劣于第四类海水水质标准的海域面积为2770平方千米，占4.07%，海洋生态环境状况不容乐观。

辽宁省政府在《海洋与渔业发展"十三五"规划》中明确提出，要在大力发展海洋经济的同时，充分考虑现有开发强度、资源环境承载能力和发展潜力，坚持走可持续的海洋经济发展之路，大力推进生态文明建设，保护海洋生态环境，将海洋生态文明建设贯穿于海洋事业发展的全过程，这要求在海洋经济发展中融入全新的生态文明理念，在保证海洋经济增长的基础上实现海洋资源消耗减量和污染物减排。

当前，关于陆域生态环境质量评价的相关研究已经比较成熟，但由于海洋生态环境较复杂且难以量化评价，海洋生态环境水平和生态效率的相关研究较少，关于辽宁省沿海经济带的研究更是寥寥无几。明确辽宁省沿海经济带海洋生态环境水平与海洋生态效率，探寻海洋资源、环境、经济三者间的"投入—产出"关系及影响因素，可以为辽宁省实现海洋产业合理布局和海洋经济可持续发展提供科学的参考依据。

二、研究现状

关于海洋环境质量评价的研究，国外开始时间早于国内，主要集中在以下几个方面。①海湾生态系统健康评价：Anderson等（2015）估算了夏威夷群岛10个研究点的海岸线变化率和距离，发现海平面上升会侵蚀海岸带，造成海滩损失并危及关键栖息地；李飞和徐敏（2014）对州湾海洋保护区做了海洋环境质量综合评价。②海洋生态环境质量评价指标体系和方法：Preston 和Shackelford（2002）选用底栖生物多样性、水质和沉积物毒物浓度的空间分布为评价指标，使用单变量和多变量回归来解释观察到的底栖生物多样性模式；方成等（2014）对唐山市近岸海域的生态环境及影响因素进行了评价。③海洋生态环境质量评价模型：Matranga 和 Kiyomoto（2014）利用不同动物模型的复杂性水平感知海洋环境；罗先香等（2014）从海洋生态系统的非生物因子和生物因子方面构建"生境质量"和"生态响应"对海洋生态环境影响的评价指标体系等。

在生态系统中，生态环境与资源经济的关系也可以用生态效率来呈现。生态效率由生态学（ecology）、经济学（economics）和效率（eficiency）合成而来，体现了经济发展与资源环境利用的关系，其核心理念是以更少的资源消耗及环境破坏来获取更多的经济效益。目前国内外学者对生态效率的研究主要集中在以下方面。①生态效率研究方法由单一向多元非线性回归发展：Hoffren（2001）通过物质流分析法衡量福利产生的生态效益在国民经济中的作用；Vogtlander 等（2002）开发出区域生态系统风险管理模型（EVR 模型）来描述产品的可持续性，该模型包括基于生命周期评估（LCA）的环境影响单一指标——"虚拟生态成本"和生态效率评价指标——"生态成本÷价值"两个概念；王菲凤和陈妃（2008）根据生态足迹法的基本原理和计算模型评价2008年福州大学城4所高校新校区校园生态足迹和生态效率；Quariguasi-Frota-Neto 等（2009）基于帕累托最优，开发出生态拓扑方法，将其用于评价生态效率；王波和方春洪（2010）运用因子分析对2007年中国经济、资源与环境的省际面板数据进行分析，得出中国区域经济生态效率；孙玉峰和郭全营（2014）分别运用因子分析、能值分析对生态效率进行分析；杨亦民和王梓龙（2017）利用DEA模型对湖南省14个市县的工业生态效率进行测算，通过构建资本、科技、经济、环境监测、政府规制等指标，对选定的投入产出指标进行多元线性回归。研究视角由宏观层面逐渐转向微观层面；Suh 等（2005）将表示产品系统生态效率的方法应用于韩国中小企业生产移动通信基站等电子设备部件的案例研究中；付丽娜等（2013）运用超效率DEA模型，从城市群发展视角测算和评价了长株潭"3+5"经济圈的生态效率趋势；Rashidi 等（2015）在对国家层面的生态效率研究中考虑了能源投入、不良产出和非自由决定因素，评估了经济合作与发展组织（OECD）国家的生态效率，结果显示，法国、德国、卢森堡、挪威、瑞典和英国为生态高效国家，韩国和意大利分别是具有最高和最低节能潜力的国家，波兰和冰岛分别是不良减产的最高和最低潜力国家；狄乾斌和孟雪（2017）采用基于非预期产出的SBM模型对2005～2014年中国东部沿海地区53个城市的发展效率进行测算，并采用样本选择模型（Tobit模型）对城市群生态效率的影响因素进行分析。②国内外学者的研究内容较为广泛：Michelsen（2006）选取并确定能源消耗、物质消耗等环境绩效指标，对挪威家具产品的生态效率进行了测算；DEA模型能够最大限度地保证结果的客观性，不受人为等主观因素影响，作为效率评价的有效方法被广泛使用，但尹科等（2012）认为我国现阶段运用DEA模型进行生态效率研究时，只是简单地照搬模型对数据进行分析，绝大部分研究没有说明引起环境问题的根源，没有从更广泛的系统中综合考量问题；van Caneghem 等（2010）对钢铁产业领域的生态效率、时空分布特征、生态效率的影响因素等进行了综合分析；程晓娟等（2013）针对 DEA 模型在处理强相关输入输出数据方面的不足，建立了基于主成分分析法的数据包络分析（PCA-DEA）的组合评价模型，并将其用于我国煤炭工业的生态效益评价中；张子龙等（2014）应用非预期产出的 SBM 模型，对陇东庆阳市农业生态效率进行时空分析后发现，其空间差异在不断扩大；谷平华和刘志成（2017）运用物质流分析法，对省域和全国的工业生态效率分别进行了检验，并进行了空间比较分析；彭红松等（2017）运用基于非预期产出的 SBM 模型、Tobit 模型测算了黄山风景区旅游地复合系统的生态效率。

在效率影响因素方面，国内外学者的研究已相当成熟，且主要以定量研究为主，分析研究方法有门槛回归模型、Tobit 模型、空间面板计量模型、高斯混合模型（GMM 模型）等。马海良等（2012）在测算了全国的水资源利用效率后利用 Tobit 模型分析了影响我国水资源利用效率的主要因素；杨慧等（2012）、吴振信和石佳（2012）、吴振信等（2014）和王群伟等（2014）分别利用卡亚（kaya）公式、LMDI 分解模型、面板数据归回模型和收敛理论、可拓展的随机性的环境影响评估模型（STIRPAT 模型，通过对人口、财产、技术三个自变量和因变量之间的关系进行评估）对各自的研究对象做了影响因素分析；崔玮等（2013）采用广义最小二乘法对我国东中西部农用地的生态效率影响因素进行了分析；武春友等（2015）运用 DEA 模型，对比分析了中国区域及其他各国的生态效率，分析发现，影响因素会根据技术水平和环境规制的不同而对生态效率的值产生不同的影响，只有结合技术进步和制度创新才能达到促进生态效率提升的效果；卢燕群和袁鹏（2017）采用可变规模报酬模型（VRSDEA 模型），测度了 30 个省份的生态效率；杨皓然和吴群（2017）应用非期望产出 SBM 模型对陇东黄土高原农业的生态效率进行了投入冗余分析，结果显示，农业生态效率在下降且空间差异逐渐扩大，主要原因是要素投入比例失调、资源利用率低；任宇飞和方创琳（2017）基于县域尺度评价了京津冀城市群的生态效率，结果表明，资源投入、经济效益与环境影响对生态效率有明显影响；朱海滨（2018）运用基于技术进步率和技术效率变化率的全要素生产率（基于 Malmquist-Luenberger）指数分解法，发现影响长江经济带全要素用水效率的因素是技术进步。

综上所述，国内外学者多注重对海洋生态环境质量、陆域生态效率方面的宏观区域研究，且已卓有成效。海洋领域生态效率的研究目前较少，相关研究多是围绕海洋经济效率进行，以海洋资源的生产能力作为投入，在注重海洋经济效益的同时忽略了环境效益，无法考量海洋经济发展对海洋资源环境的损耗程度。同时，对辽宁省经济带的研究几乎未见。基于此，本章以辽宁省沿海六市为研究对象，构建较为完善的海洋生态环境质量评价和海洋生态效率评价指标体系。采用考虑非期望产出的超效率SBM-Global模型，测算海洋生态效率，借助核密度和全要素生产率（基于malmquist）指数模型来刻画海洋生态效率的静态和动态演化特征，利用向量自回归模型（vector autoregression，VAR）测度海洋生态效率影响因素之间的响应关系及影响程度。

第二节　海洋生态效率测度与评价

一、指标体系构建与数据来源

辽宁省沿海六市作为东北地区沿海对外开放的经济重心地带，其生态效率的提升对地区经济具有巨大的带动作用。但近年来，辽宁省沿海六市的经济社会发展存在诸多生态环境问题，投入与产出未能达到平衡，因此要更加重视该地区生态效率的提高。

关于生态效率的概念，学术界见解不一。Schaltegger和Sturm（1990）以经济活动产生的经济价值与环境污染为基础，首次将生态效率作为一个"联结商业与可持续发展"的概念提出，即增加的价值与增加的环境影响的比值；世界可持续发展工商理事会将其定义为通过创造有价格竞争优势的产品和服务来满足人类的需求并提高生活质量，并将对环境的影响和资源利用强度控制在地球的承载力范围之内；经济合作与发展组织将其诠释为生态资源用于满足人类需求的效率；欧盟委员会环境署将其定义为从更少的资源中获得更多的福利；等等。本书认为，将生态效率引入海洋生态环境系统中，不能仅从单一的海洋生态环境角度讨论生态效率，而应该从社会、资源和影响海洋环境的经济活动三重角度共同界定生态效率。故本书将海洋生态效率定义为，在海洋经济发展过程中以最少的资源实物量消耗实现经济产出最优化和生态环境污染最小化。

从投入产出角度出发,生态效率包括资源要素投入、经济效益(期望产出)、环境影响(非期望产出)三个部分,其中资源要素投入是指企业生产或经济体的投资、资源和能源消耗及相关经济活动所造成的环境负荷;产出是指企业生产或经济体提供的产品和服务的价值。在陆域生态效率研究中,一般选择能源消耗量、供水总量、建成区土地面积来表征资源消耗,以固定资本存量、年末从业人员数等作为资本、人力的投入指标,以地区生产总值作为期望产出指标,以工业三废(废水、废气、固体废弃物)排放量作为非期望产出指标。

基于海洋生态效率概念,兼顾数据可得性,借鉴德国的环境经济账户中生态效率指标体系构建原则,本书从资源、资本、人力、能源、期望产出、非期望产出层面构建辽宁省沿海六市海洋生态效率评价指标体系,如表2.1所示。首先根据SPSS17.0软件筛选相关性大的指标。由于海洋经济生产模式与陆域经济生产模式相比存在特殊性,在土地资源消耗指标方面选取海域利用度(海水可养殖面积/确权海域面积)、近海及海岸滩涂湿地面积,对这两个指标进行0~1标准化后加权求和得到相应的土地资源消耗;人力消耗方面,涉海从业人员数用地区年末单位就业人数乘以海洋生产总值占地区生产总值的比重表示;由于本章的研究区域是辽宁省六个沿海地级市,部分城市没有海洋原油、天然气、电力等方面数据,所以选取沿海地区能源消费总量作为能源方面的指标;辽宁省作为东北老工业基地之一,工业"三废"问题一直存在,污染物通过直排入海和河流携带入海等方式直接或间接地对海洋环境产生破坏,因此非期望产出的环境污染指标最终选取工业废水直排入海量、海洋工业固体废弃物排放量,其中海洋工业固体废弃物排放量同样用海洋产值占比折算得到;期望产出指标方面选取的是辽宁省沿海六市的海洋经济生产总值。在测算前对资源消耗指标海域利用度、近海及海岸滩涂湿地面积,以及非期望产出指标工业废水直排入海量、海洋工业固体废弃物排放量数据进行0~1标准化并加权求和处理。另外海洋固定资本存量和海洋经济生产总值都以2001年为基期作不变价处理。

表2.1　辽宁省沿海六市海洋生态效率评价指标体系

目标层	准则层	指标层	指标解释
投入	资源	海域利用度/%	海水可养殖面积/确权海域面积
		近海及海岸滩涂湿地面积/公顷	对海洋生态的保护、开发和岸线的使用状况

目标层	准则层	指标层	指标解释
投入	资本	海洋固定资本存量/亿元	反映发展基础设施情况
	人力	涉海从业人员数/万人	反映从事海洋生产人员情况
	能源	沿海地区能源消费总量/万吨标煤	反映地区能源消耗状况
产出	期望产出	海洋经济生产总值/亿元	反映海洋经济发展状况
	非期望产出	工业废水直排入海量/万吨	反映海洋生态环境污染状况
		海洋工业固体废弃物排放量/万吨	

在海洋经济发展初期，资源投入是主要驱动力，单纯考虑资源投入无法真正反映海洋生态效率水平，还应考虑资本、劳动力等变量和海洋资源组合配置后在海洋经济活动中所发挥的能动作用和转化度。海洋经济生产活动不是直接取决于当期的投资，而是更多依赖于地区的固定资本存量，故采用海洋固定资本存量衡量资本消耗，采用涉海从业人员数衡量人力消耗。

由于受海洋基础数据限制，采用等资本产量比法计算海洋固定资本存量：

$$\frac{K_N}{Y_N} = \frac{K}{Y} \Rightarrow K = Y \times \frac{K_N}{Y_N} \qquad (2.1)$$

式（2.1）中，K_N 为辽宁省沿海六市的资本存量，Y_N 为地区生产总值（以2001年为基期按照 GDP 平减指数进行平减）。利用永续盘存法计算资本存量：具体计算公式详见式（1.4）。

初始资本存量采用 Young（2000）的估计方法，用基期固定资本形成总额除以 10% 计算得到。本书以辽宁省沿海地区 6 个地级市为研究对象，研究区间为 2001～2015 年，共有 90 个决策单元，符合决策单元数量为投入与产出总数两倍以上的检验法则。数据主要源于历年的《中国海洋统计年鉴》《中国环境统计年鉴》《辽宁省统计年鉴》，以及历年的辽宁省和各市国民经济和社会发展统计公报。

二、研究区概况

（一）辽宁省沿海地区海洋经济

辽宁省是东北地区唯一一个既沿海又沿边的省份，同时处于东北亚中心地区，地理位置优越，海洋资源丰富，处于"一带一路"沿线。在世界多极化和经济全球化的背景下，习近平主席分别在2013年9月和10月提出建设"新丝绸之路经济带"和"21世纪海上丝绸之路"的合作倡议，这是辽宁省发展海洋经济发展的重要机遇。作为"一带一路"向北开放的重要窗口以及中蒙俄经济走廊的重要节点，辽宁省大力发展海洋事业[①]。得天独厚的资源环境以及国家的扶持，使得辽宁省沿海地区在区域经济一体化和"一带一路"的发展背景下，海洋经济呈现出又好又快、持续上升的发展势头。根据2000～2016年《中国海洋统计年鉴》数据，2001～2015年海洋经济生产总值从363亿元增长到5993亿元，海洋经济生产总值占地区经济生产总值的比重由7.2%增长到20.87%。

将《辽宁省统计年鉴》进行数据整理，得图2.1。由图2.1可知，辽宁省沿海地区的海洋经济生产总值一直呈持续上升的态势。其中，大连的海洋经济生产总值处于较高水平，2005～2015年其海洋经济生产总值比重从29%上升到38%，是经济带海洋经济发展的龙头。大连具有得天独厚的区位优势，港航优势和资源、政策优势，海岸线长达1989千米，2015年万吨级生产用泊位数达103个，港口货物吞吐量和集装箱吞吐量均列全国沿海港口第七位；葫芦岛海洋资源较好，但海洋经济发展起步较晚，发展相对落后，一直处于较低水平，其中第一产业占比过高，海洋渔业养殖和捕捞对海洋资源环境产生一定影响，属于经济限制型，第二产业占比较大，岸线经济密度较低，缺少突出的产业带动，滨海旅游业不发达，海洋产业体系不健全，应借助自身海洋优势，发展海洋经济；盘锦"因油而兴"，石油资源、湿地资源丰富，但以资源消耗的粗放式经营为主，海洋经济发展水平低下；营口、锦州海洋经济发展属于中等水平，海洋资源总量不突出，同时港口泊位数少、腹地面积小，使得港口货物吞吐量不具备优势，资源配置不均衡的特点造成两市海洋经济发展后劲不足，缺少坚实的后盾支持和先进的技术指导，资源利用效率低；丹东技术水平、工业基础、资源利用率、港口货物吞吐量和海域利用率在辽宁省沿海六市中均排于末尾，海洋经济发展质量最差。2008年在全球性金融危机的冲击下，研究区域内的海洋经济增长速度出现不同程度的下滑，金融危机之后，辽宁省根据沿海各市优势对经济发展加以引导，因地制宜，积极寻找符合自身发展的经济增长点，发展海洋循环经济，促进产业结构升级，并转化成产业优势，2009年后辽宁省沿海经济一直处于平稳增长的状态。

---

① 正确认识"一带一路". www.cpcnews.cn[2018-02-26].

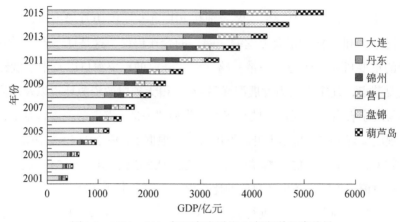

图2.1 2001~2015年辽宁省沿海六市海洋经济总量

（二）辽宁省沿海地区海洋生态环境现状

海洋经济总量的提升不仅依赖海洋生物资源，还依靠相关产业活动，如海洋交通运输及滨海旅游业，但经济活动在带来经济总量增长的同时会产生大量的废污水和固体废物，对海洋生态环境造成破坏，如船舶在港口区清洗粘有污染物的甲板和船舱，未经处理的磷酸盐、石油、油漆等会直接流入港口区域，对整个港口区域的环境和海洋生物多样性产生破坏。

随着海洋捕捞与高密度的海水养殖活动、海上冲浪、游艇旅游业以及近海岸基础设施建设等经济活动的开展，湿地和近海生态的人为干扰过度，生态功能变差，也导致近岸海域水质达标率低、资源消耗过度、海洋生物资源数量减少等一系列海洋生态环境问题的出现。此外，随着港口物流量加大，机动船舶等海上交通运输、船舱冲洗带来的石油类污染物排放量增加，以及以陆源为主的污染物进入水体交换较弱的海域中并长期滞留在近岸的海湾中，会对海岸带区域的海洋渔业、海水水质以及海洋生物多样性带来深远长久的影响。

如图2.2所示，辽宁省近岸海域海水水质不乐观。2001~2015年辽宁省近岸海水的无机氮浓度平均含量为0.327毫克/升，达到第二类、第三类国家海水水质标准，无机氮浓度较高，在0.255~0.3968毫克/升浮动，2007年达到0.3375毫克/升，明显高于三类海水质量标准要求，严重影响近岸海域中的微生物生存和活动；石油类浓度年平均含量为0.133毫克/升，浓度在0.051~0.310毫克/升浮动，达到第一类、第二类国家海水水质标准；磷酸盐浓度平均含量为0.029毫克/升，浓度在0.017~0.049毫克/升浮动，达到第二类、第三类国家海水水质标准。由于渤海是半封闭式内海，海洋洋流动力学系统较弱，海水纳污能力低下，污染物的稀释扩散转移缓慢，污染物长期沉积在近岸海湾中，污染海水，危害海洋生物，甚至威胁人类健康。

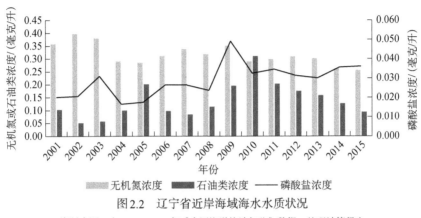

图2.2　辽宁省近岸海域海水水质状况

资料来源：由2001～2016年《中国海洋统计年鉴》数据，整理计算得出

（三）辽宁省沿海地区海洋生态环境质量评价

随着海洋生态环境综合管理的开展，海洋环境质量评价已从以往单一的指标发展成为综合评价指标体系。在参考前人研究的基础上，本章从污染排放（工业废水入海量、生活废水入海量）、海水主要污染物浓度（无机氮浓度、石油类浓度、磷酸盐浓度）、水质状况、污染治理（工业固废综合利用量、工业废水达标排放率）、环保投资（环保投资占GDP的比重）出发，运用可变模糊识别模型，计算环境质量相对隶属度，将相对隶属度大小与特征值比较，可以判断环境质量情况。环境质量分级标准如下：特征值在［1.0，2.0）的为高质量水平，特征值在［2.0，2.5）的为较高质量水平，特征值在［2.5，3.0）的为中等质量水平，特征值在［3.0，3.5）的为较低质量水平，特征值在［3.5，5.0）范围的为低质量水平。

如图2.3所示，辽宁省沿海六市的生态环境质量水平总体上呈现缓慢上升趋势，研究区域的内部差异在逐渐缩小，由低质量水平向较高质量水平转变，盘锦近岸生态环境质量水平总体呈上升趋势，无明显波动，大连、葫芦岛、营口、锦州的特征值年际波动较大，在个别年份呈V形走势，但总体上其生态环境质量水平呈上升趋势。

大连是辽宁省沿海经济带海洋经济发展的龙头城市，其在原有工业基础和各方面政策资源支持下，加大力度发展以旅游业为主的第三产业。大连海洋环境投资治理力度在辽宁省沿海六市中最大，环境治理成效明显。根据2004～2016年《中国环境统计年鉴》数据，大连工业废水排放量由2005年的48万吨下降到2015年的11.8万吨，近岸海域水质达标率达100%。其生态环境质量水平在2010～2011年出现波动，呈倒V形走势，主要原因是大连石油泄漏事件对近岸海域的生态环境产生破坏性的影响，海水中的石油类污染物浓度急剧上升，残留在海洋中的分散剂随着海水流动漂向其他海域，扩大了海洋生态环境的污染范围。

丹东近年来的生态环境质量基本处于较低水平，该市工业基础薄弱、产业结构不合理、科技水平低、资源和海域利用率低、工业废水和生活污水等陆源污染排放量大且污染物处理达标率低。同时，该市湿地资源丰富，湿地及近岸海域对外界的扰动较为敏感，湿地旅游业在带来大量游客的同时也会产生大量的不可降解垃圾，破坏湿地生态系统，降低了生态环境质量。

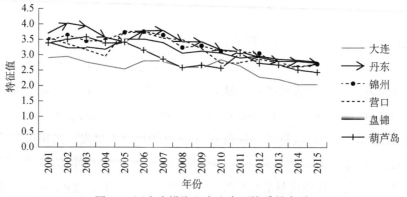

图2.3　辽宁省沿海六市生态环境质量水平

资料来源：由2000～2016年《中国环境统计年鉴》数据整理计算得出

盘锦的生态环境质量由较低质量水平向中等质量水平提升，该市是典型的海上石油城市，森林覆盖率仅达2.28%[①]，较差的生态本底导致环境系统的自我调节能力差，海上石油开采和近岸海域污染极其严重，海洋环境并不理想，这对以海洋开发为支柱产业的盘锦十分不利。2009年，盘锦确定资源转型之路后，产业类型由传统粗放型向集约型转型升级，海洋科技水平和研发能力的提升促使工业生产工艺改进、污染物排放量下降，海洋环境的应对能力有所提升。

---

① 辽宁概况. http://www.ln.gov.cn/［2021-03-25］.

锦州海洋经济、资源总量不大，在工业发展过程中，坚持开发与保护并重，加大对海洋污染治理投资，提升了海洋环境适应性。

根据2004～2016年《中国环境统计年鉴》，营口近岸海域污染严重，达标率仅在30%～60%，环境治理能力差，污染物处理率低于80%，污染治理竣工项目仅有21个，为辽宁省沿海六市最低，生态环境系统表现出较高的脆弱性、较低的应对能力和恢复力。

葫芦岛由于发展较落后，产业结构单一。其粗放式的经济发展带来的资源生态环境问题应引起重视，明确海洋经济发展的优劣势，加强对海洋环境污染的治理力度，增强环保意识，增加环境保护治理资金投入，对五里河附近重化工企业进行整治、污水集中化处理，使海洋环境向良好方向转变，达到较高质量水平。

三、结果分析

DEA模型作为效率评价的常用方法，在处理多输入和多输出问题上具有优势。传统DEA模型在测算效率时多侧重于期望产出，采用径向和角度的CCR模型、BBC模型，并未充分考虑投入产出的松弛冗余性问题。基于此，Tone（2001）提出基于非期望产出的SBM模型，该模型属于非径向和非角度的DEA模型，通过将松弛变量放入目标函数中，能有效解决传统DEA模型中投入产出的松弛冗余性问题和存在坏产出时的效率测度，但Tone没有给出包含非期望产出的超效率SBM-Global模型的规划式。本书运用基于非期望产出的SBM-Global模型对决策单元的效率值大于1的情况做进一步的有效评价，并不是把结果局限于是否等于1来判定该区域的效率是否有效，在效率值大于1的情况下也能比较地区之间的效率值差异，从而体现生态效率评价的本质。

根据式（1.1），运用MaxDEA 5.2软件，应用非期望产出超效率的SBM-DEA模型（超效率数据包络模型）对研究区域2001～2015年的海洋生态效率值进行测度。为区分有效决策单元，对效率值进一步区分为：$\rho \geq 1$ 为高生态效率，$0.8 \leq \rho < 1$ 为中等生态效率，$0.8 < \rho \leq 0.6$ 为较低生态效率，$0.4 \leq \rho < 0.6$ 为低生态效率，$\rho < 0.4$ 为生态效率相对无效。海洋生态效率测算结果如表2.2所示。

由表2.2可知，辽宁省沿海地区整体海洋生态效率偏低，绝大多数城市未达到平均水平，但2006～2015年来，研究区域的海洋生态效率总体水平呈持续上

表2.2　2001～2015年辽宁省沿海地区海洋生态效率值

城市	2001年	2002年	2003年	2004年	2005年	2006年	2007年	2008年	2009年	2010年	2011年	2012年	2013年	2014年	2015年
大连	1.02	0.65	0.59	0.51	0.69	0.77	0.6	0.65	0.67	0.92	0.81	0.80	1.01	0.85	1.19
丹东	0.48	0.48	0.63	0.46	0.42	0.44	0.67	0.51	0.60	0.87	0.70	0.63	0.63	0.71	0.98
葫芦岛	0.35	1.06	0.44	0.50	0.66	0.62	0.56	0.60	0.71	0.8	0.47	0.73	1.09	1.00	1.05
锦州	0.36	0.35	0.36	0.43	0.41	0.44	0.51	0.47	0.44	0.57	0.46	0.53	0.54	0.72	0.79
盘锦	0.65	0.89	1.03	0.92	0.73	1.01	1.09	0.87	0.91	1.14	1.06	1.17	1.25	1.01	1.08
营口	0.44	0.43	0.47	0.41	0.50	0.42	0.66	0.58	0.69	0.63	0.79	0.81	0.79	0.80	0.88
平均值	0.55	0.64	0.59	0.54	0.57	0.62	0.68	0.61	0.67	0.82	0.72	0.78	0.89	0.85	1.01

资料来源：由2001～2016年《中国海洋统计年鉴》数据计算得出。

注：由于四舍五入原因，计算所得数值有时与实际数值有些微出入，特此说明。

升趋势，由低生态效率水平提升至高生态效率水平，其中海洋生态效率平均值最高出现在2015年，得分为1.01，这说明辽宁省沿海地区的海洋生态效率发展潜力巨大，发展好、维护好海洋生态效率对带动该地区的海洋经济发展意义重大。

辽宁省作为海洋大省，海域资源丰富。根据2001～2006年《辽宁省统计年鉴》数据，辽宁省海洋总产值年均增速为27%，海洋产业结构由2001年的64.7∶17.3∶18.0调整为2005年的47.2∶22.3∶30.5，海洋第一产业占比依旧最大，海洋产业结构水平低，有待进一步调整提升。"十五"规划末期，辽宁省提出建设"五点一线"沿海经济带，沿海城市积极响应政策，大力发展经济。早期海洋生产技术、资源利用水平较落后，经济呈临海化及重工业化；近岸海域高密度的海水养殖活动以及入海河流带来的工业、城镇生活污水，农业面源污染等对近岸海域的海洋生态环境产生一系列负面影响；滨海旅游业迅速发展，但垃圾处理力度不够、周边海域港口运输等使近岸海域环境污染加重，这一时期经济总量的增长是以海洋资源消耗和海洋环境污染破坏为代价的，海洋产业不合理，结构性矛盾突出；渔业作为传统的海洋第一产业，占主导地位，受气候、养殖技术、海水水质、人力等因素的影响较大，早期的海洋渔业投入主要来自民间，渔业从业人员素养和专业技术水平不高；传统的海洋资源消耗型产业仍居于主导地位，呈高度粗放型的增长方式，对沿海滩涂湿地过度开发，海域利用度不高，海洋生态效率提升不明显，地区海洋生态效率整体处于低水平，投入产出比较低。

"十一五"期间，辽宁省海洋事业进入快速发展时期，"五点一线"发展思路在2009年上升为国家战略。根据2006～2011年《辽宁省统计年鉴》数据，在2006～2010年，辽宁省海洋经济继续高速增长，其海洋总产值年均增速为21%，海洋三产结构变动速度加快并逐渐趋向合理化，海洋三产结构比例在这一期间调整为12.0∶44.2∶43.8，以渔业捕捞和养殖为主的传统粗放型产业向集约型产业转型升级。辽宁省深入贯彻落实合理开发海洋资源的原则，规范海洋开发行为，增强环保意识，不断增强排污处理能力，涉海从业人员的专业技术知识素养提升、海洋科技水平和研发能力的提升促使传统的生产工艺改进，污染物排放量下降，不断完善海洋基础设施，海洋生态效率得到显著提升，由低生态效率水平达到中等生态效率水平。

根据2011～2016年《辽宁省统计年鉴》数据，在海洋资源、环境双重压力驱动下，辽宁省海洋产业结构调整和转型升级速度加快，海洋三产结构在2015年调整为9.3∶34.9∶55.8，由以海洋第二产业主导的"二三一"结构调整为以海洋第三产业为主导的"三二一"结构；辽宁省利用海洋高新技术发展传统的海洋产业，逐步由海洋资源开发向海洋服务转变，带动海洋经济的可持续发展及资源环境消耗量的大幅降低，海洋生态效率得到显著提升，2015年效率值达到1.01，处于高生态效率水平。辽宁省沿海地区海洋发展后劲十足，资源消耗大、污染程度高的传统海洋产业类型也逐步由粗放型向集约效益型转变，在未来的发展中仍需加强对海洋第三产业的优化调整，使海洋经济发展从单纯依靠资源消耗型产业转向依靠高新技术产业和海洋服务业，减轻海洋资源、环境压力，提高海洋生态效率水平。从长远来看，辽宁省沿海地区在经济发展、资源利用和环境保护等方面仍有欠缺，生态效率的快速发展仍面临较大困难。

第三节　海洋生态效率时空演化特征

一、生态效率时间序列演化分析

根据海洋生态效率评价结果，选取2001年、2006年、2011年和2015年的数据，利用EViews8.0软件得出相应的核密度分布图，通过不同时期的比较，反映辽宁沿海经济带的海洋生态效率的时间变化趋势。

如图2.4所示，从位置上看，所选四个年份的核密度分布曲线随时间整体呈向右平移的趋势，表明辽宁省沿海六市海洋生态效率值不断上升。2001～2006年核密度曲线图右移趋势明显高于2011～2015年，说明2006年前海洋生态效率值上升迅速，2006年之后，海洋生态效率值缓慢上升，对应的海洋生态效率低的城市数量在减少，但仍占多数。

从峰度上来看，海洋生态效率值在2001年、2006年和2011年均呈宽峰，海洋生态效率值的曲线面积较大，但峰值却不是最高，说明海洋生态效率值不是很集中；2015年，海洋生态效率值呈尖峰形状，海洋生态效率的曲线面积减少，显示海洋生态效率向收敛方向发展，城市的海洋生态效率得到大幅提升。从形状上看，2001年海洋生态效率值整体上呈正态分布，2006年、2011年和2015年海洋生态效率值整体上呈偏态分布，但城市的海洋生态效率值分布较为分散，效率低的城市较多；2015年主峰左右两侧出现卫星峰，即低、高效率区，坡度较平缓，辽宁省沿海六市的海洋生态效率值依旧存在差距过大的情况。海洋生态效率值过低会影响整体研究区域生态效率的提高。

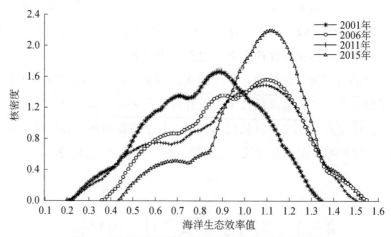

图2.4 辽宁沿海经济带的海洋生态效率核密度图

资料来源：由2001～2016年《中国海洋统计年鉴》数据整理计算得出

沿海经济带是统一的整体，辽宁省沿海各市应相互拉动，取长补短，共同进步，如此才能使辽宁省沿海地区的生态环境质量和海洋经济发展更加合理，实现可持续发展的生态文明建设目标。

二、海洋生态效率空间差异分析

　　基于2001~2015年辽宁省沿海地区的海洋生态效率值，选取首尾年份以及具有代表性的2006年、2010年的效率截面数据，基于地理信息系统（ArcGIS）自然断裂法将海洋生态效率值分为四个等级，制作出辽宁省沿海六市生态效率演化情况（图2.5）。

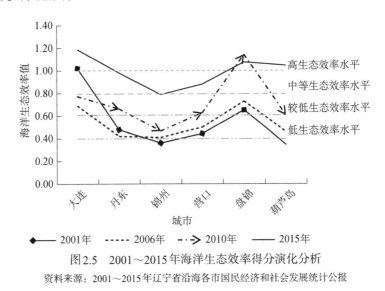

图2.5　2001~2015年海洋生态效率得分演化分析

资料来源：2001~2015年辽宁省沿海各市国民经济和社会发展统计公报

　　由图2.5可知，区域海洋经济发展水平以及海洋资源禀赋差异等使得研究区域内各沿海城市的海洋生态效率存在显著差异，随着投入和产出结构的合理化，地级市海洋生态效率值的空间差异也在逐渐缩小，可以将结果划分为以下三类。

　　（1）高生态效率水平城市：盘锦的效率多年均值指数达到0.99，属于较高海洋生态效率地区。2001年盘锦海洋生态效率值仅为0.65，之后海洋生态效率值迅速提升，到2015年整体达到高生态效率水平，盘锦拥有丰富的海洋资源，海上石油生产技术和科研开发投资水平较其余五市高，同时盘锦转变经济发展方式，积极延长产业链，提高海洋资源效率，并注重加强对污染排放的治理，其废水直排入海量得到了有效控制。

　　（2）生态效率快速增长型城市：大连、葫芦岛的海洋生态效率值上升幅度较大，由低生态效率水平向高生态效率水平提升。大连的海洋生态效率值在"十五"开局之年达到1.02后有所降低，但之后又持续上升，达到高生态效率水平。2010年，大连海洋生态效率值仅为0.77，这与当年"7·16"大连输油管道爆炸事故有关，近海海洋生态环境、湿地环境遭到破坏，近岸海水养殖遭受重大打击。泄露事件发生后，各级部门积极采取环境治理措施，恢复生态环境，为生态效率值的提升奠定了基础。大连立足于历史基础和资源条件，积极由资源密集型产业向技术密集型产业等海洋新兴产业转型，提升了科技成果转化率，使得自身海洋资源及环境的压力减小，海洋生态效率稳步提升。葫芦岛由生态效率相对无效跃升至高生态效率水平，效率水平一直处于上升状态，葫芦岛依托丰富的海洋资源，涉海从业人员数和海洋固定资本存量平稳上升，但由于缺乏先进的海洋科技，传统粗放型的海洋产业依旧存在，海洋生态效率虽处于高生态效率水平阶段，但稳定性差。

（3）生态效率缓慢增长型城市：营口、丹东海洋生态效率值上升幅度相对较小，"十五"开局之年均处于低生态效率水平，在研究期内稳步提升至中等生态效率水平；锦州与其余五市海洋生态效率值的内部差异较大，海洋生态效率由生态效率相对无效上升至较低生态效率水平，2015年得分为0.79。丹东海洋湿地资源丰富，在海洋经济发展的过程中，注重海洋环保建设，重视滨海湿地保护，完善海洋基础设施，对工业、生活污废水入海的处理标准严格把关，各类污染物排放量均呈下降趋势，同时积极推动物流等服务业的发展，海洋生态效率得到提升。营口、锦州主要以资源密集型产业为主，在海洋经济发展的过程中对资源的依赖性强且技术含量低，科技成果转化率较低，粗放型的海洋资源开发模式在促进海洋经济增长的同时导致海洋资源利用率低且污染物排放量大，资源、环境压力大幅增长。锦州处于生态效率相对无效至较低生态效率水平，远远落后于其他五个城市，说明该市的投入与产出的合理配比未能实现，但也表明锦州未来的进步空间较大，亟须采取相应措施来提高其海洋生态效率水平，赶超其他沿海城市。

三、Malmquist模型动态分解分析

（一）Malmquist指数动态分析图

Malmquist指数是对全要素生产率变化进行动态分析的工具，能测算和比较不同时期各决策单元的效率值变化情况。Caves等（1982）将Malmquist指数和

DEA方法结合；Fare等（1994）又对该模型进行改进，将其定义为两个相邻时期的Malmquist指数：

$$M_0\left(x_t, y_t, x_{t+1}, y_{t+1}\right) = \left[\frac{D_0^{t+1}\left(x_{t+1}, y_{t+1}\right)}{D_0^{t+1}\left(x_t, y_t\right)} \times \frac{D_0^t\left(x_{t+1}, y_{t+1}\right)}{D_0^t\left(x_t, y_t\right)}\right]^{1/2} = \mathrm{EC} \times \mathrm{TC} \quad （2.2）$$

其中 $D_0^t(x_t, y_t), D_0^{T+1}(x_{t+1}, y_{t+1})$ 是分别根据生产点在相同时间段（即 t 和 $t+1$）同前沿面技术相比较的投入距离函数；$D_0^t(x_{t+1}, y_{t+1}), D_0^{t+1}(x_t, y_t)$ 分别是根据生产点在混合期同前沿面技术相比较得到的投入距离函数，$M_0>1$ 表示生产率较上期提高，$M_0<1$ 表示生产率较上期降低。

为了更好地分析辽宁省沿海地区海洋生态效率的变化趋势，基于辽宁省沿海六市2001～2015年的面板数据，将Malmquist指数分解成两部分，分别是技术进步（technological progress，TC）和技术效率变化（technical efficiency change，TEC）。首先从整体出发，对辽宁省沿海地区2001～2015年的海洋生态效率变动进行分解，再对辽宁省沿海六个城市的海洋生态效率进行分解，以了解各地级市的生态效率变化规律，结果见图2.6和表2.3。总体来看，TEC、TC和Malmquist指数三者均值都大于1，虽表现出不同程度波动，但整体呈上升趋势。

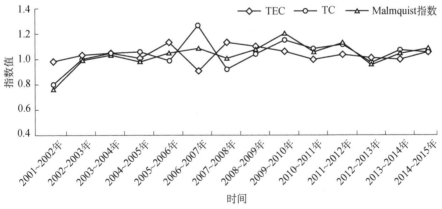

图2.6 辽宁省沿海地区海洋生态效率Malmquist指数动态分析图

资料来源：根据2001～2015年辽宁省沿海六市海洋生态效率的面板数据计算得出

表2.3 辽宁省沿海六市Malmquist指数分解表

城市	TC	TEC	Malmquist指数
大连	1.014	1.044	1.059
丹东	1.026	1.031	1.057

城市	TC	TEC	Malmquist指数
葫芦岛	1.252	1.003	1.255
锦州	0.993	1.027	1.020
盘锦	1.051	1.058	1.112
营口	1.021	0.974	0.994
平均值	1.059	1.023	1.083

资料来源：根据2001~2015年辽宁省沿海六市海洋生态效率的面板数据计算得出。

从Malmquist指数角度来看，研究期间均值是1.083，增长幅度为1.9%，辽宁省沿海地区的海洋生态效率值呈缓慢上升的趋势，影响海洋生态效率增长的因素主要是TC和TEC，两者平均值均大于1。通过比较可知，TC的贡献大于TEC。Malmquist指数在2001~2004年上升30%，说明辽宁省沿海地区的生态环境建设工作取得了较大进步，2007~2008年，Malmquist指数小于1，这是由于2008年的全球金融危机对辽宁沿海经济带的海洋经济冲击较大，造成其海洋资源效率低下，生态环境保护工作实施不到位。2010年，大连海上石油开采泄漏事故对近岸海域环境的破坏较严重，在各级部门采取相关环境保护策略后，污染问题得到有效处理，海洋环境质量转好，此时的Malmquist指数在（2010~2013年）经历短暂波动后继续上升。随后几年Malmquist指数呈增长趋势，整体的海洋生态环境效率有所提升，说明由政府驱动的污染治理措施得到了有效落实。

TC在2001~2015年的均值为1.059，低于Malmquist指数，虽然相较于TEC，TC对海洋生态效率的贡献强度更大，但在起步的两年间对海洋生态效率起负向作用。2003~2007年，TC增长率达28.4%，随后该值小于1，处于下降趋势，沿海地区应该加强海洋新技术和新产品研发投入。

就TEC而言，研究期间多年增长幅度仅为1.9%，增速缓慢，低于TEC和Malmquist指数增速。TEC在研究期内呈波动起伏态势，说明辽宁省沿海六市的海洋工业节能减排技术相对落后，对资源依赖性强且技术含量低，各地政府需要提升管理与决策的技术水平，使资源能更有效配置，不断促进技术效率的提高。

（二）辽宁省沿海六市Malmquist指数分解分析

由表2.3可知，辽宁省沿海六市2001~2015年的Malmquist指数及其分解指数存在差异，Malmquist 指数的增长率除营口外其他五个城市均大于 1，整体增长幅度达 8.3%，TC 贡献率为 5.9%，TEC 贡献率为 2.3%，说明研究期内技术进步和技术效率的提升促进了辽宁省沿海地区海洋生态效率的进步，其中 TC 变化是辽宁省沿海地区效率值增长的主要动力。

其中大连、丹东、葫芦岛和盘锦的 TC 和 TEC 均起正向有效促进作用，葫芦岛的 Malmquist 指数上升幅度达到 25.5%，主要得益于 TC 的贡献；盘锦 Malmquist 指数上升幅度为 11.2%，得益于 TC 和 TEC 两者的贡献，各项效率指标保持稳定，盘锦 2009 年确定资源转型之路后，积极延长产业链，产业由传统粗放型向集约型转型升级，不断提升海洋科技、研发能力，改进传统生产工艺，降低污染物排放量；海上石油生产技术水平的提升和科研开发投资力度的加大，使海洋环境的应对能力有所提升。大连 TEC 贡献率较高，海洋经济基础雄厚，海洋科技成果转化率大幅提升，海洋三产结构合理，生态环境保护技术进步较大。丹东虽然海洋生态效率值较低，由低生态效率水平上升至中等生态效率水平，但其 TC 和 TEC 都表现为正向有效。在各城市的海洋生态效率进步动力研究中，TC 的贡献较大，TEC 并未发挥出显著作用，说明沿海地区的海洋投入与产出要素不合理，在今后发展中应积极调整产业结构，改变粗放型的经济发展模式，促进海洋各类资源合理配置和开发利用，提高管理与决策的水平，保护海洋生态环境。

第四节 海洋生态效率影响因素分析

一、影响因素与模型设定

辽宁省沿海地级市由于自然资源禀赋和对外开放程度不同，所以在海洋产业结构（marine industrial structure，MIS）、海洋科技水平（marine technology science and level，MTS）和环境规制（environmental regulation，ER）等方面存在差异，海洋生态效率也呈现显著的地域分化。海洋生态效率可以体现包括土地、人力、能源、资本等资源消耗组合的生态系统的投入与产出之间的关系，影响经济产出总量与生态环境质量。海洋生态效率的影响因素可以是经济方面的，如海洋三产结构转换，也可以是政府等部门实施的环境规制等外在的人为可控因素和科技水平等因素。由于地级市的相关海洋资源数据难以获取，将所有影响因素考虑在研究模型内不切实际，因此借鉴陆域生态效率影响因素的指标选取，同时考虑海洋经济活动不同于陆域的特征。

1. 海洋产业结构

一个地区产业结构的转换速度和三产占比可以较好地反映资源利用和经济产出状况，第一产业、第二产业和第三产业的投入与产出占比不同，因此各项产业对生态效率的影响程度也不同，影响程度由高到低可大致排序为第二产业、第一产业和第三产业。在生产科技水平一定的情况下，海洋第二产业对资源的消耗和对环境的破坏较大；以服务业为代表的海洋第三产业，在带来经济总量上升的同时，也会带来环境污染；以海洋渔业为代表的海洋第一产业的发展深受海洋环境变化的影响，海洋产业格局的优化调整有利于合理开发利用海洋资源，提高海洋生态效率，实现海洋可持续发展。

产业结构反映了要素在产业部门间的再分配和重新组合状况，资源通过配置方式的改变促进经济的增长，引发环境质量的相应变化。不同海洋产业的资源利用率及污染排放存在较大差异，因此海洋产业结构的演化会影响海洋生态效率的变化。该部分指标选用海洋第二产业、第三产业结构转换率来反映海洋产业结构的发展水平（X）：

$$X = \sqrt{\sum_{i=1}^{n} \frac{(F_i - K)^2 \times h_i}{K}} \quad (2.3)$$

式中，n 为样本数，K 为海洋生产总值年均增长率，F_i 为除渔业外的海洋产业总值年均增长率，h_i 为除渔业外的海洋产业总值占海洋生产总值的比重。

2. 海洋科技水平

科技是第一生产力，科学技术的飞速发展使生产工艺和手段发生了飞跃式的进步，极大地便利了人们的生产活动。海洋科技水平决定了海洋资源开发的广度和深度，能够清楚地反映经济活动中海洋的投入与产出要素是否合理。先进的海洋科技不仅是提高海洋经济生态效益的主要驱动力，而且能够降低海洋资源和环境的损耗率，促进海洋产业结构优化。针对先进科学技术，本书选用海洋科技人员素质（海洋科研机构科技人员中硕士研究生及以上学历比重）进行衡量。

3. 环境规制

环境规制对生态效率意义重大。近年来，辽宁省沿海地区生态环境状况不容乐观，因此在积极响应国家大力发展海洋经济号召的同时，大力推进环境治理工作极具现实意义。环境污染的外部不经济性特征使得单纯依靠市场调节难以实现环境质量的持续改善，需要政府加以规范和调节。环境规制在控制海洋环境污染、提高环境监督管理等方面具有重要作用。本书选用地区海洋环境污染治理投资额来反映地区的环境规制强度。

二、协整检验

（一）VAR 模型

VAR 模型视系统中的内生变量为所有内生变量滞后值的函数，是用来估计相互联系的时间序列以及分析随机扰动对变量动态冲击的重要工具，能够有效反映各影响因素对海洋生态效率空间格局演化的刺激和影响，其数学表达式为

$$y_t = A_1 y_{t-1} + \cdots + A_p y_{t-p} + B x_t + \varepsilon_t \qquad (2.4)$$

式中，y_t 是 h 维内生变量向量；y_{t-1}（$t=1$，2，$\cdots$，p）是滞后内生变量向量；x_t 是 k 维外生变量向量；p 为滞后阶数；x_{t-1}（$t=1$，2，$\cdots$，r）是 d 维外生变量向量或滞后外生变量向量；t 为样本数；$h \times h$ 维矩阵 A_1；$\cdots$，A_p 和 $h \times k$ 维矩阵 B 是被估计的系数矩阵，这些矩阵都是待估计的参数矩阵；ε_t 是 k 维随机误差构成的扰动向量，其元素相互之间可以同期相关，但不能与各自滞后的内生变量相关，且不能与模型右边的变量相关。

（二）变量序列平稳性检验

为消除原始数据中存在的异方差，对原始序列指标取自然对数，分别记为 lnMEE、lnMIS、lnMTS、lnER。建立 VAR 模型之前，先对各时间序列做平稳性检验，预防伪回归现象的出现。本书利用单位根检验（ADF 检验）来确定变量的平稳性。经过一阶差分后，变量 dlnMEE、dlnMIS、dlnMTS、dlnER 都通过了 5% 的显著性水平的平稳性检验，说明 dlnMEE、dlnMIS、dlnMTS、dlnER 这几个变量的一阶差分序列是平稳的，ADF 检验结果如表2.4所示。

表2.4　辽宁省沿海地区 ADF 检验结果

变量	检验类型 (c, t, k)	ADF 检验	概率	1%显著水平	5%显著水平	10%显著水平	结论
dlnMEE	(c, 0, 0)	−5.3440	0.0019	−4.2001	−3.1754	−2.7290	平稳
dlnMIS	(0, 0, 1)	−6.3770	0.0000	−2.7922	−1.9777	−1.6021	平稳
dlnMTS	(0, 0, 0)	−3.9704	0.0011	−2.8167	−1.9823	−1.6011	平稳
dlnER	(0, t, 0)	−6.7180	0.0002	−4.1220	−3.1449	−2.7138	平稳

注：检验类型中的 c 和 t 表示带有截距项和趋势项，k 表示综合考虑池赤信息准则（AIC）、施瓦兹准则（SC）为选择的滞后期。

（三）变量序列协整检验

采用多元系统协整检验（Johansen 检验）来判断变量之间是否存在协整关系，协整检验的最后滞后阶数为 1，在 5%的显著水平下，一阶差分变量 dlnMEE、dlnMIS、dlnMTS、dlnER 之间存在长期协整关系。Johansen 检验结果如表2.5所示。

表2.5　辽宁省沿海地区 Johansen 检验结果

虚拟的协整方程数	特征值	迹统计量	5%临界值	概率/%
None*	1.0000	196.4054	47.8561	0.0000
At most 1*	0.9386	52.8777	29.7971	0.0000
At most 2*	0.6498	16.6027	15.4947	0.0339
At most 3*	0.2038	2.9632	3.8415	0.0001

注：*表示在 5%显著水平下拒绝了零假设。

三、脉冲响应函数分析

脉冲响应函数作为系统的输入变量，测出系统的响应，可获得有关系统动态特征的全部信息。由上文检验可知，海洋生态效率、海洋产业结构、环境规制和海洋科技水平四个变量建立的 VAR 模型是稳定有效的。因此进一步分析海洋产业结构、环境规制、海洋科技水平三个影响因素与海洋生态效率变量之间的动态特征，并从动态反应中判断变量之间的时滞关系，对其进行脉冲响应分析。海洋生态效率脉冲响应如图2.7所示，其中实线为脉冲响应函数，横轴为滞后期数，纵轴为响应程度。

由图2.7可知，海洋产业结构对海洋生态效率的扰动没有立即做出响应，在滞后2期表现为正向，并达到正向最大值0.024，随后影响迅速下降并于滞后3

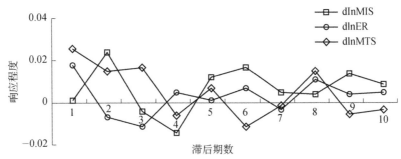

图2.7　辽宁省沿海地区海洋生态效率脉冲响应图

期产生负向影响，在滞后4期海洋产业结构的扰动响应达到最低值-0.014，在滞后5期时缓慢地增加且表现为正向。总体来看，海洋产业结构对海洋生态效率的扰动在正负响应之间波动，且正向响应次数多于负向响应次数。海洋产业结构对海洋生态效率的影响以正向促进为主，但由于研究期内辽宁沿海经济带在发展过程中，没有把握好海洋产业结构与地区海洋经济及各方面的联系，在提升地区经济总量时，对海洋生态效率产生负面影响。随着辽宁省沿海地区海洋产业结构的不断优化调整，扰动响应不断减弱，呈正向影响。所以加快海洋产业结构调整和转型升级的步伐，充分发挥其正向促进作用是正确的。

海洋科技水平对海洋生态效率的扰动立即做出了积极响应，整体的正向响应次数多于负向响应次数，在正负响应之间摆动。滞后1～3期的响应为正向，且在滞后1期达到0.026，在滞后6期表现为负向响应，并达到最小值-0.012，总体以正向促进作用为主。辽宁省作为东北老工业基地之一，沿海地级市集聚大量的工矿等重工业企业，工业"三废"问题一直存在；海洋产业表现为粗放型和资源掠夺型格局，海洋科技水平较低，海洋产业技术不配套，自主创新能力不足，海洋科研成果转化率低，综合作用下响应幅度出现较大起伏。因此在其今后的发展中应立足科技引领，注重海洋科技的内部创新，缩短成果转化周期，提升海洋科技转化率。

环境规制对海洋生态效率的扰动立即做出了正向响应，在滞后1期达到最大值0.018，在滞后2期表现为负向扰动响应，在滞后3期达到最小值-0.011，滞后3期后扰动影响呈波动式增加态势，且只有滞后7期表现为负向响应，其他均表现为正向响应，这表明环境规制对海洋生态效率的响应存在短期滞后性，环境规制作为末端处理，对海洋生态效率的影响不容忽视，整体产生的是正向推动作用和持续效益。辽宁省沿海地区在起步阶段存在许多负向波动响应。但随着创新能力增强，科技成果转化为生产技术，同时，在吸取"先污染、后治理"的经济发展教训的基础上，政府认识到加强环境治理投资的重要性，污染治理措施和环境治理投资得到有效落实，产生推动作用和持续效益响应，所以在未来的经济发展与环境治理的道路上，要转换环境治理路径，充分发挥新型政府作为宏观调控力量的作用，建立健全海洋生态环境保护机制，积极推进海洋生态文明体制改革，提升制度执行力。通过监控污染源头，狠抓海洋生产活动和海洋倾泻固体废弃物的治理和监管，采取积极的海洋环境规制，加大环境和科教投入，培养海洋专业人才，普及海洋科技知识，继续推进科技兴海战略。

四、方差分解

为进一步分析 VAR 模型中的每个外生变量预测误差的方差，按照其成因分解为与每个内生变量相关联的组成部分，即分析每个信息冲击对内生变量变化的百分比贡献度，从而了解各信息对模型内生变量的相对重要性。每个影响因素在不同时期对海洋生态效率波动的贡献程度不同，需进一步对海洋生态效率进行动态的方差分解分析。

方差分解结果如表2.6所示。从长期来看，海洋生态效率发展变化受自身冲击的影响最大，即使随着预测期的推移呈下降趋势，但在滞后10期依旧起主要作用，贡献率达66.7889%。此外，对海洋生态效率发展变化冲击较大的是海洋产业结构，且其影响力一直处于上升的趋势，滞后1期为8.5147%，此后逐期上升，并在滞后10期达到最大值22.7980%，说明海洋产业结构对海洋生态效率在短期和长期上都有显著影响。海洋科技水平在滞后1期无影响，之后总体呈上升态势，在滞后10期达最大值7.9058%，海洋科技水平能够对海洋生态效率的扰动立即做出积极响应，除滞后6期为负向响应外，其余均表现为正向响应，海洋科技水平对海洋生态效率有越来越显著的正向影响，大于环境规制的贡献，但贡献率仍较低。环境规制对生态效率的冲击在滞后1期无影响，贡献度在预测期内呈小幅度增长态势，对海洋生态效率有长期影响，在滞后10期时贡献度达到最大值2.5073%，但影响作用在四个影响因素中最小。从长期看，大约在滞后9期各影响因素方差分解结果趋于稳定，在滞后10期海洋生态效率的扰动影响有66.7889%来自自身，22.7980%受海洋产业结构影响，7.9058%受海洋科技水平影响，2.5073%受环境规制的影响。

表2.6　辽宁省沿海地区方差分解结果

滞后期数	标准误差	海洋生态效率/%	海洋产业结构/%	海洋科技水平/%	环境规制/%
1	0.1689	91.4853	8.5147	0.0000	0.0000
2	0.2925	87.3786	9.0077	3.5519	0.0618
3	0.4493	85.6615	10.3072	3.9300	0.1013
4	0.4593	82.1310	12.7062	4.3583	0.8045
5	0.4667	80.6474	13.4265	4.9193	1.0068
6	0.4719	79.6841	14.2210	4.8874	1.2075
7	0.4850	75.9717	17.2352	5.0357	1.7574
8	0.4949	73.3223	18.9148	5.9553	1.8076
9	0.5004	71.5833	20.0127	6.3966	2.0075
10	0.5111	66.7889	22.7980	7.9058	2.5073

第五节　小　　结

在全面分析生态效率内涵的基础上，本章构建辽宁省沿海六市海洋生态效率评价指标体系，从资源、资本、人力、能源、期望产出、非期望产出等方面构建投入和产出指标体系，运用非期望产出的超效率 SBA-DEA 模型测算 2001～2015 年辽宁省沿海六市的海洋生态效率值，结合核密度、空间格局演化和 Malmquist 指数模型方法，刻画效率动态演化时空特征，其评价结果能全面反映辽宁省沿海地区各市海洋生态效率的年度变化和地区内部差异，最后引入 VAR 模型的脉冲响应函数，对效率的影响因素和机制的动态关系特征进行实证检验，结果如下。

研究期内，辽宁省沿海地区整体海洋生态效率低，绝大多数城市未达到平均水平，但海洋生态效率整体呈波动上升趋势，由低生态效率水平提升至中等生态效率水平，地区差异明显。结合核密度和 GIS 时空差异演化分析可知：盘锦海洋生态效率值较高；大连、葫芦岛海洋生态效率由低生态效率水平向高生态效率水平提升；营口、丹东海洋生态效率值上升幅度相对较小，由低生态效率水平向中等生态效率水平转变；锦州生态效率由生态效率相对无效上升至较低生态效率水平，上升幅度较为平缓，远远落后于其他五个城市。从 Malmquist 指数来看，多年指数值大于1，辽宁省沿海地区的海洋生态效率值呈缓慢上升趋势，影响海洋生态效率增长的贡献因素主要是 TC 和 TEC，其中 TC 变化是海洋生态效率值增长的主要动力，TEC并未发挥出显著作用，说明辽宁省沿海地区的投入与产出不合理。

对海洋生态效率空间格局演化影响因素的分析表明，海洋产业结构对海洋生态效率的扰动在正负响应之间波动，随着辽宁省沿海地区海洋产业结构的不断优化调整，扰动响应不断减弱并以正向促进为主，海洋科技水平基本呈现正向促进作用，但贡献率仍较低，环境规制对海洋生态效率产生的是正向推动作用和持续效益。进一步做方差分解发现，从长期来看，海洋生态效率的发展变化受自身冲击的影响最大。此外，对海洋生态效率发展变化冲击较大的是海洋产业结构，其一直处于上升的趋势，其次为海洋科技水平和环境规制，但环境规制影响并不显著。对此提出以下建议。

1）创新政府服务职能，加强海洋环境监测与执法监督

环境污染的外部不经济性特征使得单纯依靠市场调节难以实现环境质量的持续改善，需要政府加以规范和调节，深化海洋生态文明体制改革，强化制度执行力，使政府驱动的污染治理措施和政策能够得到有效落实。辽宁省沿海地区在今后的经济发展过程中，应建立健全海洋生态环境保护机制，加强海洋生态环境损害监测和评估，如赤潮发生的频次和面积、海水富营养化面积，以及海水中的无机氮浓度、石油类浓度、磷酸盐浓度水质标准是否超标，通过强化环境规制来倒逼海洋企业提升污染处理达标率，并转换环境治理思路，从生产源头上提高环保标准和治理力度。

继续加强政府在环境规制驱动中的引导和支持力度，加大环境保护和科教投入，使环境污染治理投资得到落实，建立健全海洋环境监测评价机制和海洋生态环境法律保护机制，注重加强对海洋生产活动和海洋倾泻固体废弃物、海陆域排污监测口处理达标率的监管，并健全海洋环境监测系统和海洋执法监督系统，严抓污染治理，对不符合或者严重违反相关污染物处理条例、法规的行为应该严厉惩罚，以达到警示的作用，培养环境保护的意识，促进海洋资源、环境和经济整体可持续发展。

2）调整优化海洋产业结构

沿海城市要依托高等院校自主创新试验，抓紧建立一批海洋智能制造产业示范园区，在立足于自身海洋资源优势、因地制宜地实行差别化发展策略的基础上，不断加强海洋经济合作，通过政策引导、统筹规划，增强地级市间的经济、技术交流以及不同海域的环境治理合作。海洋经济和海洋资源相对较差的

地区，不能只承接省外的淘汰落后产业，要加快海洋三产结构调整和转型升级的步伐，加大科技资金投入力度，提高自主创新能力，将科技成果转化为本地区的生产力，积极改变本地区老工业占比较高的局面，利用海洋资源优势，积极发展海洋第三产业，促进经济的高质量增长。经济和资源发展条件占劣势的地区，应该积极加强合作交流，利用涓滴效应和辐射带动作用，促进自身发展。大连、盘锦应充分发挥资金优势，积极招商引资，缩小地区内部差异，带动整个辽宁沿海经济带的经济结构优化升级，加快实现新旧动能转换与经济发展模式转变，形成协作共赢的局面。葫芦岛应该不断优化产业结构，向精细加工、海洋药业、休闲观光和服务业方向转型，减少开采海洋资源及发展海陆经济对海洋生态环境造成的破坏，提高整体海域的生命力和海洋净化能力，实现海洋生态可持续发展目标。

3）加强污染源治理和控制

以保护海岸线和海域水质为重点，建立重大泄油污染事故的应急处理网络，防止海上石油开采泄漏造成生态环境破坏，配齐各种应急器材，提升海上油污应急处置能力。根据2011～2016年《辽宁省统计年鉴》数据，近岸海域90%的污染来自陆地，海域污染治理难度较大，应从海陆两个角度出发，综合治理陆域污染源要加强对海岸防污工程设施的建设，同时实施陆海联动、统筹规划的双层次治理与防护，协调好陆域和海域、开发与保护之间的关系，推行低碳型海洋经济发展，提高工业固体废物利用率、工业废水和生活污水处理率，减少废水直排入海量，从源头上减少海洋环境污染。

辽宁省沿海地区之间应加强对地区内部公共问题的管理协调，如环境污染问题具有明显的扩散性、流动性和区域性，应该坚持地区一体化原则，强化各地区政府间的合作，维护共同利益，实现合作共赢。这就需要以整体的视角审视公共问题，建立区域性的各级政府合作机制，达成减轻与根治公共问题的共识，从而为维护辽宁沿海经济带、北方地区甚至整个国家的公共利益做出贡献。

4）加大海洋环境保护的科技研究投入

虽然对海洋科技的投入一直在增加，但海洋产业技术不配套，海洋科研成果转化率较低，自主创新能力不足。除大连外，辽宁省其余五个沿海地级市的科技发展较为落后，在今后的发展中迫切需要增加对海洋基础设施建设的投入，注重海洋科技的内部创新，提升科技成果转化率。其余五个沿海地级市要学习借鉴大连积极引进人才的政策，增加对高校的科研资金投入力度，鼓励外来优秀人才落户，为地区发展提供人才后备军。盘锦、锦州和葫芦岛应立足于历史基础和资源条件，推动资源密集型产业向技术密集型产业转型，将科技成果转化为生产技术，将蓝色海洋生物科技、新兴石化产业等高新技术产业作为海洋新兴产业的未来发展方向，全面提升海洋科技自主创新能力；对第二产业，如海洋原油、海洋矿业、海洋盐业等高耗能产业要实施节能减排，同时企业作为经济要素、资源要素的主要使用者，不能再走"先污染、后治理"的老路，不能只重视经济效益而忽视社会、环境效益；企业在作为生产者的同时也是环境资源的消费者，因此在开展经济活动时，应当承担一定的社会责任，提升环境保护的法律意识，切实提高自身的科技水平，积极引进先进设备和管理经验，降低资源消耗量和环境污染排放量，不断推进环境保护治理工作。

第三章

中国沿海地区海洋生态效率
及影响因素

第一节 引 言

一、研究背景

多年来，海洋为我国经济发展提供了丰富的资源和广阔的发展空间，带动了整个国民经济的发展。当前我国沿海地区已形成以重点海域为依托的沿海经济带。但随着我国沿海地区工业化进程的加快和海洋经济的快速发展，海洋粗放式开发和无节制排放、水体污染、生态受损、灾害多发等问题凸显。海洋经济发展呈"高投入、低产出"的低效率态势，加之目前我国海洋管理体系尚待完善，海洋生态环境问题成为制约建设海洋强国的瓶颈。

2003年，《全国海洋经济发展规划纲要》提出，"坚持经济发展与资源、环境保护并举，保障海洋经济的可持续发展。加强海洋生态环境保护与建设，海洋经济发展规模和速度要与资源和环境承载能力相适应，走产业现代化与生态环境相协调的可持续发展之路"。2008年，《国家海洋事业发展规划纲要》提出，"加强海洋环境整治与陆源污染控制，加快实施以海洋环境容量为基础的总量控制制度，遏制近岸海域污染恶化和生态破坏趋势"。2012年，十八大报告指出，"把生态文明建设放在突出地位，融入经济建设、政治建设、文化建设、社会建设各方面和全过程，努力建设美丽中国，实现中华民族永续发展"，且在大力推进生态文明建设部分指出，"提高海洋资源开发能力，发展海洋经济，保护海洋生态环境，坚决维护国家海洋权益，建设海洋强国"。2017年，十九大报告再次明确"五位一体"的总布局，并提出坚定不移贯彻创新、协调、绿色、开放、共享的新发展理念，且在贯彻新发展理念、建设现代化经济体系部分明确指出，"坚持陆海统筹，加快建设海洋强国"。十九大报告将"建设海洋强国"从生态文明建设移至现代化经济体系部分。在此背景下，准确把握我国沿海省份海洋生态效率及其空间格局演化特征和影响因素，对促进海洋生态文明、加快建设海洋强国具有重要意义。

为此，本章以中国沿海11个省份为研究对象，评价其海洋生态效率并挖掘其空间演化特征及规律，揭示演化过程的驱动机制。本章的研究弥补了国内关于海洋生态效率空间演化的不足。此外，本章通过构建具有普遍意义的海洋生态效率评价指标体系，并运用测度生态效率的模型方法，为评价沿海地区海洋生态效率发展水平提供了系统、完善的理论方法，同时对改善我国沿海地区海洋生态环境现状、推动区域间交流合作与协调发展、提升地区综合实力具有重要的现实意义。

二、研究现状

国外学者在生态效率的研究方法上，多采用比值法和模型法。Frischknecht（2010）鉴于环境可持续性、风险感知和生态效率，利用生命周期评价方法研究了材料回收，结果表明，与一次金属制造相比，金属废料回收的生态效率更高，而生命周期回收利用方式在可持续发展中的应用比较薄弱；Huppes 等（2007）在企业产品设计环节运用了生命周期成本分析方法，对具有不同生命周期的产品进行生态效率评价。在研究尺度上，多为某一行业、部门、企业和产品等微观尺度，包括企业战略分析和产品系统的设计、开发等，对区域等宏观尺度的研究较少。Arabi 等（2014）基于一种新的松弛（slacks）的 Malmquist 指数测度模型对伊朗电力行业采购重组对电力系统绩效的影响进行评估；Egilmez 和 Park（2014）利用两步层次化法对美国制造业的碳、能、水足迹进行了量化，并以生态效率得分为基础，对美国制造业的环境与经济绩效进行评价，结果表明，大多数企业的生态效率低下；Bloemhof 和 Quariguasi-Frota-Neto（2012）研究了个人计算机和手机产业再制造的有效性和生态效率；Long 等（2015）采用动态松弛变量测算（DSBM）模型分别对中国水泥制造业全要素生产效率和生态效率进行了测算；Gurauskienė 和 Stasiškienė（2011）以立陶宛为例，基于物质流分析估算了电子废物管理系统的效率；Hahn 等（2010）将基于机会成本的企业生态效率方法论应用在德国公司的二氧化碳效率中，说明机会–成本比率可将生态效益转化为管理方面，证明了机会–成本比率对分析企业运营生态效率的有用性。

国内对生态效率的研究也越来越多，但由于企业和产业数据可获取性小，与国外的研究有所不同。研究方法上，原来多为单一比值法，近些年指标体系法、模型法的应用逐渐增多，其中 SFA 和 DEA 等的应用较为突出。王晓玲和方杏村（2017）运用 DEA 中的全要素效率模型测度了东北老工业基地的生态效率变化状况，结果表明，东北老工业基地生态效率普遍偏低且呈下降趋势；高文

（2017）研究了我国31个省份的工业企业生态效率，结果表明，工业结构、污染物治理、环保政策和企业研发投入等变量影响工业企业生态效率；黄和平等（2018）从绿色GDP和生态足迹的视角改进生态效率度量模型，并以江西省为研究对象，对其2000～2015年的生态效率变化轨迹及成因进行衡量与分析，结果表明，江西省单位面积生态足迹的绿色GDP总体呈上升趋势，自然资源损耗对绿色GDP的影响较为显著，各土地利用类型生态足迹均呈波动上升趋势，牧草地生态足迹比重最大；任胜钢等（2018）将工业生态系统分解为工业经济、环境、能源三个子系统，采用网络DEA模型对长江经济带九省两市的工业生态效率及三个子系统效率进行评价，结果显示，长江经济带工业生态效率水平整体呈上升趋势，自上游至下游效率水平依次递增，各子系统效率呈收敛趋势，其中工业经济子系统效率呈相对稳定的状态。研究尺度和研究内容上，以宏观层面的城市、区域为主，对工业、农业、旅游业等行业生态效率展开研究，且多集中在生态效率的内涵、指标体系构建、区域时空分异、影响因素等方面。姚治国等（2016）基于旅游碳足迹、生态效率、旅游经济效应等理论，构建旅游生态效率模型，在计算海南省2012年旅游生态效率值的基础上，对旅游生态效率区域差异的成因机制进行分析；杨皓然和吴群（2017）运用混合方向性距离函数模型，通过构建土地利用转型投入和产出指标体系，将CO_2排放量作为生态效率的非期望产出指标，测算2006～2014年江苏省13个城市的生态效率及环境全要素生产率增长状况；郑德风等（2018）采用考虑非期望产出的SBM模型，并结合探索性空间数据分析方法，对甘肃省各县（区）2000～2014年的农业生态效率及空间分布格局进行了实证分析；毕斗斗等（2018）采用DEA和探索性时空数据分析法，以长三角城市群26个城市为研究对象，测度了城市群内产业生态效率及其时空跃迁特征。

综合文献分析发现，国内外学者关于生态效率的研究已卓有成就。从研究对象看，国内学者对陆域生态效率的研究相对成熟，但对海洋生态效率的研究鲜有涉及。相关研究多是围绕海洋经济效率（韩增林等，2018）进行，过分注重海洋生产活动的经济效益而忽略了环境效益，无法考量海洋经济发展对海洋资源环境的损耗程度。虽有学者关注海洋经济生产中的污染排放，以工业废水排放入海量作为非期望产出测算海洋经济效率（赵林等，2016b），但污染指标选择单一，易造成效率评价的偏差。从研究内容上看，国内学者对生态效率整体空间格局演变轨迹的研究较少，已有研究多采用地理空间方法分析生态效率的空间差异、集聚或扩散特征，未能有效体现生态效率空间格局演化的整体性、动态性特征以及空间格局之间的变异性。研究方法上，国内学者对生态效率影响因素的研究多采用传统回归模型，侧重于静态分析，忽略了生态效率与其影响因素之间随时间变化的动态关系及响应程度。

　　鉴于此，本章基于生态效率的内涵，将海洋生态效率的概念界定为在海洋经济发展过程中以最少的海洋资源消耗，尽可能地实现经济产出最优化和环境污染最小化，从而达到经济效益和环境效益的统一。海洋系统作为一个开放的复杂巨系统，同陆域系统的互动性、关联性不断增强。据《2017年中国海洋生态环境状况公报》统计，全国共有陆源入海污染源9600余个，入海排污口邻近海域环境质量状况总体较差，90%以上无法满足所在海域海洋功能区的环境保护要求。但由于各流域污染物入海通量的数据缺乏统计，且难以量化，因此本章选取11个沿海省份作为研究地域单元。根据2002～2016年《中国海洋统计年鉴》，利用沿海省份的海洋资源消耗和环境污染统计数据，采用考虑非期望产出的SBM模型对沿海11个省份的海洋生态效率进行测算，借助重心模型揭示2001～2015年海洋生态效率空间格局的演化特征，利用VAR模型对海洋生态效率空间演化及其与影响因素之间的响应关系及影响程度进行动态测度，为中国沿海省份地方政府的经济绩效及生态环保监督治理提供参考。

第二节　海洋生态效率测度与评价

一、指标体系与数据来源

　　海洋经济与陆域经济相比存在特殊性，海洋资源消耗主要体现在海洋渔业、海洋盐业、海洋油气业、海洋矿业等海洋经济活动直接（一次）开发利用的资源。因此，在兼顾数据可得性的基础上，根据海洋经济活动的特点构建中国沿海省份海洋生态效率评价指标体系，如表3.1所示。由表3.1可知，选取海洋生物资源标准量来综合反映海洋捕捞及海水养殖产量情况，选取海水化学资源标准量来综合反映对海盐和海洋化工产品的消耗，选取海洋矿产资源标准量来综合表征对海洋原油、天然气和海滨砂矿的消耗；选取沿海11个省份海洋经济生产总值[以2001年为基期，按照各省份生产总值平减指数进行平减]作为期望产出。

表3.1　中国沿海省份海洋生态效率评价指标体系

目标层	准则层	指标层	指标解释
投入	资源	海洋生物资源标准量/吨	选取海洋捕捞、海水养殖产量来综合反映海洋生物资源情况
		海水化学资源标准量/吨	选取海盐和海洋化工产品产量来综合反映海洋化学资源情况
		海洋矿产资源标准量/吨	选取海洋原油、天然气、海滨砂矿产量来综合反映海洋化学资源情况
	资本	海洋固定资本存量/亿元	反映发展基础设施情况
	人力	涉海从业人员数/万人	反映从事海洋生产人员情况
产出	期望产出	海洋经济生产总值/万元	反映海洋经济发展状况
	非期望产出	沿海地区工业废水排放中的化学需氧量、氨氮排放量/万吨	反映海洋生态环境污染状况
		沿海地区工业废气排放中的二氧化硫、烟粉尘排放量/吨	

注：由于数据可得性原因，表3.1的指标层与表2.1有所不同。

海洋捕捞、海洋矿产开发和海水养殖等生产环节是在海域和陆域共同完成的，海盐业和海水利用等生产环节则完全是在陆域上完成的。此外，随着海洋高新技术的发展及海洋资源产业链的延伸，海陆产品得到了更多的互动发展，海洋经济在陆域上的生产活动也相应增多。但受海洋基础研究数据的限制，无法获取沿海省份海洋工业污染物排放量数据。考虑到海洋经济活动在地区陆域深处的生产活动中所造成的废水、废气污染，以及部分陆域污染物虽然不是在海洋经济生产过程中排放的，但治理和生产成本的很大一部分会转嫁到该地区海洋经济上。例如，海水污染会影响海洋渔业养殖产量和效益，最终损害该地区海洋经济的生态效益。因此选取沿海地区工业废水排放中的化学需氧量、氨氮排放量，以及沿海地区工业废气排放中的二氧化硫、烟粉尘排放量作为非期望产出，这些污染物通过直排入海和河流携带入海等方式直接或间接地对海洋环境产生破坏。测算前对指标进行0～1标准化处理，对海洋资源消耗、非期望产出加权求和。

与发展阶段已由物质投入驱动进入到以技术进步为主导的陆域经济相比，我国海洋经济发展起步较晚，仍处于物质投入驱动的发展阶段（杜利楠，

2015）。与陆域经济发展规律相同，在海洋经济发展初期，资源投入是主要驱动力。伴随海洋经济增长方式的转变，资本等要素的投入可对资源产生一定的替代作用，优化海洋资源的利用结构。然而丰富的海洋资源会成为"福音"还是"诅咒"，主要取决于在海洋资源开发中对经济变量的选择，如海洋资源的开发强度、开发集约度、资本转化度等。其中固定资本存量和海洋固定资本存量计算方法与前两章相同。本章数据来源于2002～2016年《中国海洋统计年鉴》《中国环境统计年鉴》《中国统计年鉴》，以及相关省份海洋经济统计公报。

二、海洋生态效率时空演化分析

运用MaxDEA软件，并采用非期望产出的超效率SBM-Global模型[①]，计算2001～2015年沿海11个省份海洋生态效率值，如表3.2所示。参考前人研究，将海洋生态效率值大于等于0.8、[0.4，0.8）、小于0.4分别定义为相对有效、相对低效、相对无效。

表3.2　2001～2015年中国沿海省份海洋生态效率值

地区	2001年	2002年	2003年	2004年	2005年	2006年	2007年	2008年	2009年	2010年	2011年	2012年	2013年	2014年	2015年
天津	0.090	0.113	0.136	0.187	0.223	0.232	0.261	0.210	0.342	0.429	0.504	0.591	0.719	0.779	1.000
河北	0.080	0.083	0.096	0.116	0.121	0.237	0.250	0.275	0.218	0.252	0.280	0.309	0.339	0.374	0.393
辽宁	0.101	0.112	0.129	0.166	0.168	0.208	0.249	0.268	0.298	0.341	0.392	0.413	0.462	0.461	0.529
上海	0.157	0.171	0.191	0.304	0.349	0.535	0.538	0.604	0.611	1.000	0.738	0.779	1.000	0.820	1.000
江苏	0.091	0.100	0.132	0.148	0.180	0.247	0.291	0.322	0.374	0.447	0.517	0.605	0.666	0.740	1.000
浙江	0.102	0.124	0.132	0.136	0.158	0.144	0.178	0.200	0.234	0.256	0.276	0.298	0.317	0.345	0.390
福建	0.140	0.166	0.185	0.174	0.197	0.222	0.254	0.282	0.327	0.404	0.477	0.536	0.628	0.742	1.000
山东	0.105	0.112	0.137	0.158	0.170	0.219	0.260	0.300	0.351	0.384	0.418	0.484	0.526	0.601	0.623
广东	0.120	0.127	0.137	0.173	0.225	0.241	0.266	0.295	0.337	0.410	0.476	0.568	0.638	0.765	1.000
广西	0.097	0.105	0.085	0.102	0.116	0.150	0.161	0.177	0.201	0.242	0.270	0.306	0.307	0.376	0.380
海南	0.100	0.104	0.112	0.129	0.143	0.114	0.186	0.203	0.216	0.246	0.268	0.293	0.341	0.403	0.414
全国	0.108	0.120	0.134	0.163	0.187	0.232	0.263	0.285	0.317	0.401	0.420	0.471	0.540	0.582	0.703

（一）中国沿海地区海洋生态效率时间演化特征

由表3.2可知，2001～2015年沿海省份海洋生态效率呈上升趋势，大部分由相对无效提升至相对低效或相对有效。2001～2006年，海洋事业快速发展，

---

① 具体计算说明见第一章非期望产出的超效率SBM-Global模型式（1.1）。

这一时期海洋产业结构性矛盾突出，传统的海洋资源消耗型产业居主导地位且增长方式粗放，同时受人力、技术的限制，海洋资源开发利用结构层次偏低，导致资源消耗和环境污染严重，海洋生态效率提升并不明显，全国处于相对无效水平。2006~2015年，海洋生产总值持续高速增长，各类海洋资源消耗量和污染物排放量均呈下降趋势，涉海从业人员数和海洋固定资本存量平稳上升，海洋生态效率得到显著提升，并于2010年全国达到相对低效水平。这一时期，在海洋资源、环境双重压力驱动下，海洋产业结构调整和转型升级加快。根据2011年和2016年《中国海洋统计年鉴》数据，第一、第二、第三产业结构调整出现积极变化，由2010年的5.1∶47.7∶47.2调整为2015年的5.1∶42.5∶52.4，海洋产业逐步由海洋资源开发向海洋服务型产业转变。同时海洋科技成果转化率的大幅提升使得海洋原油、海滨砂矿等不可再生资源开发的集约化、清洁化水平提高，加之前期国家宏观调控及环境规制的边际效应逐步显现，全国海洋生态效率由2011年的0.420快速提升到2015年的0.703。

区域海洋经济发展水平以及海洋资源禀赋差异等因素使得区域海洋生态效率存在显著差异，主要分为以下三种类型。

（1）由相对无效跃升至相对有效的区域，包括天津、上海、江苏、福建、广东。上海海洋资源禀赋不足，但充分利用先进的海洋科技克服了资源约束条件，海洋生产总值在保持高速增长的同时，实现污染物排放负增长；天津、福建、广东依靠科技创新率先转变海洋经济发展方式，利用资源环境倒逼机制带动海洋产业升级，海洋资源利用率高且污染减排效应显著；江苏海洋资源消耗量较低，较高的资本投入对海洋资源形成了一定的替代效应，且注重海洋环保建设，海洋生态效率提升显著。

（2）由相对无效上升至相对低效的区域，包括辽宁、山东、海南。辽宁虽然在海洋资源开发过程中初级开发占比大且污染排放严重，但近年来海洋第三产业发展较快，以消耗海洋生物资源、海水化学资源为主的第一、第二产业比重逐年下降，根据2016年《中国海洋统计年鉴》，2015年海洋三产比重为11.5∶35.0∶53.5，对海洋初级资源依赖程度相对降低；山东属于高消耗高产出型省份，各类海洋资源较为丰裕，海洋生产总值增幅快于海洋资源消耗量的增幅，海洋生态效率稳步提升，这与山东海洋产业部门多元化发展以及海洋高新技术在资源开发中的应用密切相关；海南属于低消耗低产出型省份，污染物排放量为沿海省份内最低。

（3）始终处于相对无效水平的区域，包括河北、浙江、广西。河北、广西海洋经济发展相对落后，对资源的依赖性强，其技术含量低、能耗大、污染高的粗放型资源开发模式导致海洋经济增长的同时，资源、环境压力大幅增加；浙江对海洋矿产资源消耗量大，但对资源深层次开发利用不足导致资源浪费现象严重，资源消耗量的快速增长并未完全转化为海洋经济增长的动力，海洋生态效率提升缓慢。

（二）海洋生态效率与陆域生态效率趋同性分析

随着海洋经济在国民经济中的比重不断提高，海陆经济之间的联系更为紧密，进一步分析海洋生态效率与陆域生态效率的趋同性，能够更好地揭示沿海11个省份海洋生态效率的发展轨迹。由表3.2、表3.3可知，陆域生态效率与海洋生态效率呈逐年上升的共同趋势。陆域生态效率达到相对有效的地区其海洋生态效率也处于相对有效的水平，有天津、上海、海南；河北、广西海洋和陆域生态效率则始终处于相对无效水平；江苏、福建、山东、广东陆域生态效率达到相对低效，且2010年之后提升速度开始低于海洋生态效率提升速度；辽宁、浙江陆域生态效率虽达到相对低效但与海洋生态效率保持同步低速增长。综上，作为陆域经济向海洋的延伸发展，海洋经济的发展模式与陆域经济密切相关，在陆域经济由高速增长转为中高速增长的经济背景下及国家加快建设海洋强国的战略背景下，海洋经济增长质量和生态效率得到显著提高，发展势头良好。

表3.3 2001～2015年中国沿海省份陆域生态效率值

地区	2001年	2002年	2003年	2004年	2005年	2006年	2007年	2008年	2009年	2010年	2011年	2012年	2013年	2014年	2015年
天津	0.138	0.156	0.180	0.221	0.263	0.319	0.339	0.210	0.471	0.537	0.661	0.752	0.850	1.000	1.000
河北	0.097	0.107	0.118	0.136	0.150	0.170	0.188	0.205	0.223	0.255	0.280	0.308	0.326	0.355	0.381
辽宁	0.115	0.128	0.143	0.168	0.180	0.203	0.230	0.258	0.286	0.324	0.349	0.379	0.404	0.430	0.447
上海	0.212	0.237	0.272	0.304	0.390	0.448	0.454	0.489	0.596	0.620	0.632	0.740	0.887	1.000	1.000
江苏	0.123	0.134	0.152	0.183	0.204	0.234	0.268	0.301	0.333	0.372	0.412	0.456	0.498	0.548	0.600
浙江	0.108	0.119	0.134	0.158	0.186	0.212	0.237	0.259	0.278	0.312	0.343	0.375	0.397	0.431	0.474
福建	0.149	0.168	0.184	0.164	0.224	0.254	0.291	0.320	0.344	0.369	0.417	0.478	0.528	0.588	0.655
山东	0.114	0.124	0.139	0.165	0.182	0.210	0.237	0.265	0.296	0.329	0.375	0.414	0.452	0.503	0.535
广东	0.119	0.131	0.146	0.161	0.216	0.238	0.269	0.299	0.309	0.333	0.380	0.419	0.460	0.487	0.553
广西	0.090	0.098	0.107	0.122	0.142	0.166	0.185	0.206	0.232	0.259	0.293	0.333	0.362	0.395	0.398
海南	0.187	0.203	0.224	0.248	0.290	0.343	0.390	0.434	0.495	0.594	0.674	0.740	0.810	0.902	1.000
全国	0.132	0.146	0.164	0.184	0.221	0.254	0.281	0.295	0.351	0.391	0.438	0.490	0.543	0.604	0.640

利用基尼系数计算沿海11个省份海洋、陆域生态效率的空间差异程度，通常认为0.5以上属于悬殊。由图3.1可知，二者生态效率的基尼系数在0.759～0.778浮动，效率的非均衡性较大。其中陆域生态效率的基尼系数变化相对平稳，海洋生态效率的基尼系数在2004～2013年变化起伏较大并超过陆域生态效率的基尼系数。相对陆域生态效率而言，海洋生态效率的空间差异更大。2003年我国颁布《全国海洋经济发展规划纲要》，沿海各省份纷纷利用政策倾斜，大力发展海洋经济，但由于海洋经济发展所依赖的陆域经济基础、技术条件的差异，海洋生态效率空间差距不断加大。随着陆海统筹工作的推进，"十二五"期间我国海洋产业结构不断调整升级，同时广东、福建、天津等海洋经济发展试点地区工作取得显著成效，海洋经济辐射带动能力进一步增强，海洋经济布局进一步优化，生态效率空间差异呈缩小趋势。

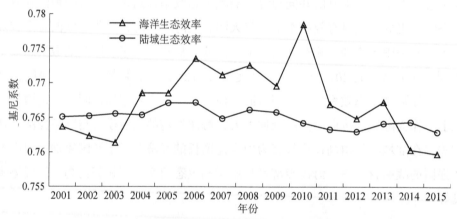

图3.1　中国沿海省份海洋、陆域生态效率基尼系数

（三）中国沿海地区海洋生态效率空间演化特征

根据重心公式[①]计算沿海省份海洋生态效率重心坐标，并绘制海洋生态效率重心演变图（图3.2）。由图3.2可知，2001～2015年，海洋生态效率重心始终在117.44°E～118.53°E、30.30°N～31.64°N移动，效率重心从2001年的117.44°E、30.33°N迁移到2015年的118.22°E、31.21°N，南北方向上，向北移动0.88°；东西方向上，向东移动0.78°。

_____

① 具体计算说明参考第一章重心模型式（1.11）。

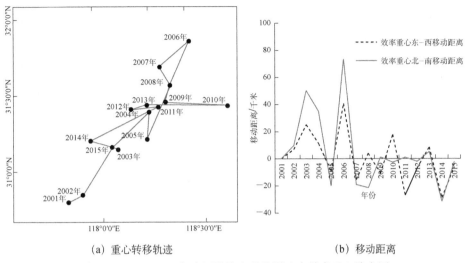

(a) 重心转移轨迹　　　　　　　　(b) 移动距离

图3.2　2001~2015年中国沿海省份海洋生态效率重心演变图

注：图3.2（b）中，向东（北）移动为负，向西（南）移动为正

我国沿海省份海洋生态效率重心位置变化阶段性特征显著，2001~2006年，效率重心总体呈现向东北方向移动的趋势，其中2004年重心向西南方向偏移，2005年之后效率重心又向东北方向移动，这期间重心向东位移距离达75.13千米，向北移动148.73千米。2006~2015年，效率重心呈现向西南方向移动的趋势，其中2008~2010年重心短暂向东回移，2010~2015年再次偏向西南方向移动，这期间向西移动52.46千米，向南移动71.82千米。总体来看，我国海洋生态效率重心移动路径先偏向东北再偏向西南方向，效率重心的总位移达到79.94千米，其中向东移动21.92千米，向北移动76.88千米，整体南北方向移动距离大于东西方向移动距离。

沿海省份海洋生态效率重心空间分布范围呈现先扩大再收缩的趋势，主要表现为南北方向上的变化。2001~2006年效率重心南北波动范围扩大，向东北方向扩张趋势显著，说明海洋生态效率区域发展不平衡性突出，南北方向差异加大。2006~2015年效率重心表现为向西南方向扩张，空间波动范围较2001~2006年相对缩小，表明海洋生态效率空间聚集性增强，区域不平衡性有所收敛。

研究期内长三角海洋生态效率始终高于全国平均水平，为沿海省份海洋生态效率的高值集聚区。作为海洋经济发展较早地区，长三角海洋经济区拥有优越的海洋资源禀赋、丰富的海洋科技资源、完备的海洋产业，受国家发展战略与政策的扶持，产业转型走在全国前列，海洋经济发展已从单纯依靠资源消耗型产业向依靠高新技术产业和海洋服务业转变，而资源消耗大、污染程度高的传统海洋产业也逐步由粗放开发型向集约效益型转变，海洋资源、环境压力减缓。同时，上海对长江三角洲地区的生态效率起到了较强的拉升作用。上海依托资金和人才优势，海洋先进制造业和海洋现代服务业得到较快发展，已摆脱资源索取型的经济发展模式，海洋生态效率始终居于全国首位。

2001～2006年，海洋生态效率重心呈现向东北方向移动的趋势，说明环渤海地区海洋生态效率的空间拉动效应增强。这一时期，环渤海地区凭借优越的区位条件和政府政策的扶持，滨海旅游业、海洋交通运输业等产业发展迅速，海洋工程建筑业、电力海水产业等海洋新兴产业增长势头强劲，海洋产业部门趋向多元化，资源组合配置情况较好，海洋生态效率提升较快。此外，天津海洋生态效率的快速提升也对邻接区域产生了积极的辐射带动作用，扩散效应显著。

2006～2015年，海洋生态效率重心向西南方向转移。2006年之后，江苏沿海地区、长江三角洲地区、福建海峡西岸经济区、珠江三角洲城市群、海南国际旅游岛等沿海区域规划纷纷上升为国家战略，在国家政策扶持下，海洋产业结构转型升级加快，新兴战略产业快速崛起。海洋资源开发范围由浅海向深、远海拓展，通过延长海洋资源开发的产业链实现了资源的集约、高效利用。海洋环保技术水平提高，海洋环境恶化趋势得到有效遏制，海洋经济由速度规模型向质量效益型转变。长三角、珠三角地区海洋生态效率的快速提升牵引效率重心南移。其中广东、福建两省作为海洋经济发展试点地区，工作取得显著成效，对海南、广西等邻接地区的海洋经济辐射带动作用进一步增强，南北效率不平衡性趋于收敛。

进一步探讨海洋生态效率重心轨迹与陆域生态效率重心轨迹是否呈现趋同性，计算沿海省份陆域生态效率重心坐标并绘制重心演变图（图3.3）。2001～2015年，陆域生态效率重心总位移23.84千米，其中东西移动距离18.19千米，南北移动距离15.41千米，位移距离差距较小。重心移动范围主要位于长三角地区，移动路径分为三个阶段：2001～2004年偏向东北方向迁移，2004～2008年偏向西南方向迁移，2008～2015年向北偏西方向迁移。总体来说，海洋生态效率重点移动范围大于陆域，但二者效率的高密度部位均位于长三角、珠三角地区。

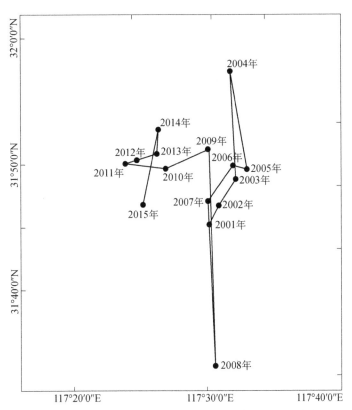

图3.3 2001～2015年中国沿海省份陆域生态效率重心演变图

第三节 海洋生态效率影响因素分析

一、变量选择

我国沿海省份由于自然资源禀赋、海洋产业结构、海洋科技水平、环境规制水平的迥异，海洋生态效率呈现显著的地域分异格局。海洋科技的进展程度决定了海洋资源开发的广度和深度。先进的海洋科技是提高海洋生态效益的主要驱动力。海洋产业结构的优化调整是海洋生态效率质量提升的根源。综合考虑以上情况，参考相关文献，选取以下影响因素：海洋产业结构——产业结构直接反映海洋经济系统中各产业的构成、联系和比例关系，从质的角度对海洋经济进行描述。选用海洋产业结构高级化指数来反映我国海洋产业结构的发展水平；海洋科技水平——先进的科学技术可直接提升海洋经济的生产质量，降低海洋资源和环境的损耗率，选用涉海科技人员素质（海洋科研机构科技人员硕士研究生及以上学历比重）衡量海洋科技水平；环境规制——环境污染的外部不经济性特征使得单一依靠市场调节难以实现环境质量的持续改善，需要政府加以规范和调节，选用地区环境污染治理投资额来反映地区的环境规制强度。海洋科技、海洋产业结构、环境规制等要素相互联系和作用，以各自的方式对海洋生态效率的变化和重心的移动产生约束力或内驱力，并最终形成一种空间上的合力，共同驱动着海洋生态效率格局的空间演化。

二、协整检验

为消除原始数据的异方差性，对 XL、MIS、MTS 和 ER 作取对数处理，分别用 lnMEE、lnMIS、lnMTS 和 lnER 表示。利用 ADF 检验来确定变量的平稳性，结果如表3.4所示。

表3.4　中国沿海省份 ADF 检验结果

变量	检验类型 (c, t, k)	ADF 检验	概率	1%显著水平	5%显著水平	10%显著水平	结论
dlnMEE	$(c, t, 0)$	−4.877	0.0102	−4.886	−3.828	−3.362	平稳
dlnMIS	$(c, t, 0)$	−5.605	0.0029	−4.800	−3.791	−3.342	平稳
dlnMTS	$(c, t, 0)$	−16.303	0.0029	−4.800	−3.791	−3.342	平稳
dlnER	$(c, t, 0)$	−5.275	0.0029	−4.800	−3.791	−3.342	平稳

注：检验类型中的 c 和 t 表示带有截距项和趋势项，k 表示综合考虑 AIC、SC 选择的滞后期。

变量经过一阶差分后均变成平稳序列，选择协整（Johansen）检验来验证序列之间是否存在协整关系。如表3.5所示，检验结果在5%的显著性水平下拒绝了海洋生态效率与各影响因素之间不存在协整关系的零假设，即海洋生态效率与海洋产业结构、海洋科技水平、环境规制之间存在长期协整关系。

表3.5　中国沿海省份协整检验结果

虚拟的协整方程数	特征值	迹统计量	5%临界值	概率/%
None*	0.9933	118.7581	47.8561	0.0000
At most 1*	0.9444	53.8895	29.7971	0.0000
At most 2*	0.6728	16.1113	15.4947	0.0404
At most 3*	0.1151	1.5897	3.84146	0.2074

注：*表示在5%显著水平下拒绝了零假设。

三、海洋生态效率影响因素分析

（一）脉冲响应函数分析

脉冲响应函数通过测量内生变量对随机扰动项的标准差冲击的反应，可揭示多个时间段内变量相互作用的动态变化，结果如图3.4所示。

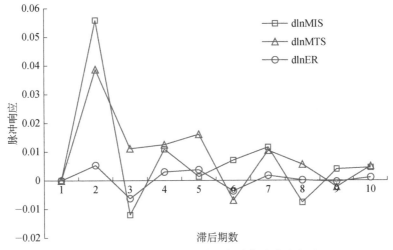

图3.4 中国沿海省份海洋生态效率脉冲响应图

海洋产业结构对海洋生态效率的影响与第二章中结果相同，即总体来看，海洋产业结构对海洋生态效率的扰动在正负响应之间波动，正向响应次数多于负向响应次数。从响应的幅度看，正向响应的频率和幅度均大于负向响应。表明海洋产业结构对海洋生态效率的影响以正向促进为主，但由于研究期内我国正处于海洋产业结构深度调整和转型升级时期，其内部结构体系和运行流程并不成熟，不可避免地会存在不合理的地方对海洋生态效率产生负向影响。随着海洋产业结构的不断调整优化，新兴产业逐渐取代传统资源消耗型产业，负向作用减弱，但正向促进效应并未得到充分发挥，我国海洋产业结构层次亟须提升。因此应加快海洋产业结构深度调整和转型升级的步伐，削弱短期负向冲击带来的影响，充分发挥其正向促进效应。

海洋科技水平对海洋生态效率的影响存在一定时滞性，在当期没有影响，滞后2期达到正向最大值，正向作用持续波动但于滞后6期产生负向影响，随后趋于收敛，表明海洋科技水平给海洋生态效率带来积极的促进作用，在初期作用强度更大。我国海洋产业正处于粗放型向集约型转变、劳动密集型向技术密集型转变的过渡时期，海洋科技优势并未完全转化为产业优势，存在自主创新能力不足、海洋科技应用率较低、海洋科技成果转化周期较长等问题，导致其响应作用幅度出现较大起伏。因此应加快推进海洋资源开发、海洋经济转型升级急需的核心技术的产业化、普及化，强化海洋重大关键技术创新，促进科技成果转化，缩短成果转化周期，发挥海洋科技水平的最大化促进作用。

环境规制对海洋生态效率的响应在0值附近小幅波动，表明环境规制作为末端处理，对海洋生态效率影响较小。我国沿海省份海洋经济早期主要依托陆域经济发展，走"先污染、后治理"的发展模式，海洋经济高速增长伴随的海洋生态环境恶化形势愈发严峻，现有的治理力度很难化解，环境规制强度与污染排放速度并不匹配，导致效果甚微。呈负向作用可能在于地方政府环境规制的失灵，由政府驱动的污染治理措施和政策未能得到有效落实，深化海洋生态文明体制改革和增强制度执行力等方面还存在诸多问题。因此应建立健全海洋生态环境保护机制，加强海洋生态环境损害评估，通过强化环境规制来倒逼海洋企业提升生态效率，并转换环境治理路径，从海洋生产源头上提高环保标准和治理力度。

（二）方差分解

从脉冲响应函数来看，各影响因素对海洋生态效率的影响冲击有正有负，冲击作用的滞后期也各不相同。在滞后1～5期影响比较明显，随着时间的推移，影响逐渐减弱。对海洋生态效率进行方差分解可以更好地反映每个影响因素在不同时期对海洋生态效率长期波动变化的贡献程度（表3.6）。

表3.6　中国沿海省份方差分解结果

滞后期数	标准误差	海洋生态效率/%	海洋产业结构/%	海洋科技水平/%	环境规制/%
1	0.0873	100.0000	0.0000	0.0000	0.0000
2	0.1453	77.9476	14.8060	7.1123	0.1341
3	0.1557	79.5111	13.4989	6.7118	0.2783
4	0.1567	78.6287	13.8031	7.2570	0.3112
5	0.1601	78.4434	13.2376	7.9660	0.3530
6	0.1634	78.8971	12.8894	7.8249	0.3886
7	0.1653	78.4769	13.0883	8.0440	0.3908
8	0.1656	78.2347	13.2501	8.1259	0.3891
9	0.1660	78.2619	13.2439	8.1062	0.3880
10	0.1667	78.2759	13.2067	8.1285	0.3889

　　海洋生态效率的波动受自身冲击的影响，呈下降趋势，随着预测期的推移，从滞后 1 期的 100% 递减到滞后 10 期的 78.2759%。海洋产业结构对海洋生态效率的贡献度在滞后 2 期后总体呈小幅波动下降趋势，海洋科技水平的贡献度呈小幅上升趋势。从长期看，中国沿海省份海洋生态效率空间演化在滞后 10 期除 78.2759% 由自身决定之外，所受到的影响程度从高到低分别为：13.2067% 受海洋产业结构的影响，8.1285% 受海洋科技水平的影响，0.3889% 受环境规制的影响。

第四节　小　　结

　　在海洋经济发展初期，海洋经济生产表现为"资源—产品—污染物"单向流动的线性模式，海洋经济的快速增长主要依托资源消耗型产业规模的扩张来实现，但掠夺式的粗放型海洋资源利用模式导致海洋资源消耗量越来越大，海洋生态环境急剧恶化。随着海洋经济的发展，其增长方式逐步向依靠资金、科技、人才等要素转变，海洋资源利用的集约化、清洁化水平不断提高，海洋生态效率得到一定程度的改善。本章紧密结合我国海洋经济的发展态势，从资源消耗、资本、人力、期望产出和非期望产出等方面构建评价指标体系，采用考虑非期望产出的 SBM-Global 模型进行测度，其评价结果比较全面客观地反映了我国沿海省份海洋生态效率的年度变化和省际差异，并利用重心模型定量分析了 2001～2015 年海洋生态效率的空间格局演化特征，引入 VAR 模型，探究了空间格局演化与其影响因素的动态关系特征。

　　我国沿海省份海洋生态效率呈上升趋势，但仍未达到相对有效水平。空间上形成北部围绕天津，中部围绕上海，南部围绕广东、福建的格局，其中天津、上海、江苏、福建、广东海洋生态效率由相对无效水平跃升至相对有效水平，辽宁、山东、海南由相对无效水平上升至相对低效水平，河北、浙江、广西始终处于相对无效水平。我国沿海省份海洋生态效率呈现出与陆域生态效率同步上升的趋势特征，但空间差异程度大于陆域，两者重心的高密度部位均位于长三角、珠三角地区，因此在海洋生态文明建设中要更加注重环渤海经济区的发展。

海洋生态效率重心移动路径可分为"2001～2006年向东北方向迁移"和"2006～2015年向西南方向迁移"两个阶段，重心移动范围主要位于长三角地区。2001～2006年，区域间的海洋生态效率不平衡显著，2006～2015年区域间的海洋生态效率差距有所减小，空间集聚性增强。

针对海洋生态效率空间格局演化影响因素的分析，海洋产业结构对海洋生态效率的影响呈现正负波动态势但以正向促进为主，随着海洋产业结构的不断优化，负向作用不断减弱；海洋科技水平对海洋生态效率会产生显著的推动作用和持续效益，响应作用波动幅度较大，在海洋生态效率变动的初期刺激作用尤为强烈；环境规制对海洋生态效率的响应在0值附近小幅波动。进一步做方差分解发现，海洋产业结构对海洋生态效率的贡献度在滞后2期后呈小幅波动下降趋势，从长期来看，除海洋生态效率对自身影响最大外，海洋产业结构对海洋生态效率空间格局演化影响最大；海洋科技支撑能力的贡献度呈小幅上升趋势；环境规制对海洋生态效率空间格局演化影响并不显著。

基于上述研究结果，并针对提升沿海11个省份海洋生态效率提出以下建议。

（1）沿海省份海洋生态效率水平仍然偏低，以消耗海洋资源和牺牲海洋生态来实现海洋经济提升的情况还普遍存在。因此应着力推进我国海洋经济由资源、资本等要素驱动型向创新引领型转变，把握海洋科研人才资本及资金的投入力度，提高海洋科研自主创新能力，加强科研机构与企业之间的合作交流，提高科技成果转化率，缩短海洋科技成果转化周期，发挥科研人力资本的积极作用，摆脱对粗放型增长的依赖，实现产业的转型升级。同时加强海洋生态文明建设，实现海洋经济与海洋生态的共生发展。

（2）总体来看，在建设海洋强国的战略背景下，沿海三大海洋经济区存在着相互"追赶效应"，区域差距缩小，但内部各省份海洋生态效率差距较大。因此，各省份在依据自身优势、因地制宜地实行差别化发展策略的基础上，加强省份间的海洋经济合作，通过政策引导和统筹规划增强跨区域的经济、技术交流和环境治理合作，推动区域增长极如天津、上海、广东等地发挥知识性、产业关联性溢出效应来增强对其他省份的辐射带动作用，从而缩小区域间海洋生态效率的差异，实现协作共赢的局面。

（3）加快海洋产业结构调整，推动海洋经济向更高级的"三二一"产业结构迈进，全面提升海洋科技自主创新能力，注重高技术、低能耗、环境友好的海洋新兴产业和服务业的发展，对海洋原油、海洋矿业、海洋盐业等高耗能产业实施节能减排，加快淘汰落后、过剩产能，从源头上发力以提升海洋生态效率。

（4）只是单纯制定海上的防护措施无法根本解决海洋环境污染与生态破坏问题，必须实施陆海联动、统筹规划的双层次治理与防护，协调陆域和海域开发与保护之间的关系，以提升沿海省份的海洋生态效率，缩小省际差异。

第四章

中国沿海地区海洋资源效率
与海洋产业生态化水平关系

第一节 引 言

一、研究背景

海洋资源是海洋经济运行的关键要素之一，同时也是人类经济社会发展的重要物质基础。随着陆地资源日益紧缺，海洋资源的合理利用开始备受瞩目。20世纪90年代以来，中国把海洋资源开发作为国家发展战略的重要内容。党的十八大报告中指出："提高海洋资源开发能力，发展海洋经济，保护海洋生态环境，坚决维护国家海洋权益，建设海洋强国。"习近平总书记高度重视海洋强国建设，多次赴海南等地考察，并提出走人海和谐、合作共赢的发展道路。现阶段，海洋产业作为海洋经济的孵化器对我国国民经济贡献巨大。据国家海洋局数据统计，2017年我国海洋生产总值为77 611亿元，比上年增长6.9%，占国内生产总值的9.4%。然而，随着海洋资源利用的快速发展，海洋产业发展逐渐失衡，出现诸如结构不合理、次序错位、区域发展不平衡等问题，并对环境产生胁迫作用，海洋生态环境问题日益凸显。2017年，国家海洋局在围填海新闻发布会上公布，在全国入海排污源排查中发现7500余个入海排污口，且大部分设置于海洋保护区等生态敏感区，其对海洋环境质量造成巨大破坏，严重影响海洋经济的可持续发展（崔慧莹，2018）。资源浪费和海洋生态环境污染等问题的发生，使得海洋经济发展呈"高投入、低产出"的低效率态势。

目前，我国海洋经济已经由高速增长期转入深度调整期，追求海洋经济高质量发展是新时代海洋经济发展的根本目标。党的十八大报告提出，"发展海洋经济，保护海洋生态环境"；"十三五"规划特别指出，要通过壮大海洋经济和加强海洋资源环境保护来拓展蓝色经济空间；2017年，国家海洋局为落实《水污染防治行动计划》的要求，积极开展入海污染源排查，系统推进近岸海域的污染防治工作；2018年，《全国海洋生态环境保护规划（2017年—2020年）》提出构建海洋绿色发展格局，加快建立健全绿色低碳循环发展的现代化经济体系。由此可见，加强海洋资源利用与环境保护是构建现代化海洋经济体系的必然要求，是实现海洋经济可持续发展的根本之策。

如何提高海洋资源效率，实现海洋资源开发与海洋生态环境的协调发展是新时代发展海洋经济亟须解决的问题。由于区域的异质性，沿海11个省份海洋资源种类和丰裕度差异明显，其海洋产业发展结构和海洋主导产业也不尽相同。十九大提出："必须坚持质量第一、效益优先，以供给侧结构性改革为主线，推动经济发展质量变革、效率变革、动力变革。"在此背景下，分析我国沿海省份海洋资源效率时空演化特征和驱动因素，系统认识和评价海洋资源效率与海洋产业发展水平两者的关系，对调整和转变我国海洋经济发展方式、解决我国海洋经济面临的社会和资源环境问题、实现海洋经济高质量发展皆具有重要意义。

本章以我国沿海11个省份为研究对象，从资源环境经济学、经济可持续发展的理论出发，采用考虑非期望产出的超效率SBM-Global模型测度我国沿海各省份的海洋资源效率，利用标准差椭圆、重心坐标等方法多重角度识别我国沿海11个省份海洋资源效率空间演化特征及驱动因素，构建指标体系测度海洋产业发展水平，在此基础上定量研究两者的关系。本章的结果有利于补充海洋资源与海洋产业的研究内容，在一定程度上丰富海洋经济可持续发展研究理论。

二、研究现状

海洋资源的研究始于20世纪50年代，且随着海洋资源开发利用规模的扩大而发展。Jin等（2003）认为，海洋资源的开发和利用应严格遵循适度原则，可以通过研究海洋资源开发与海洋环境的相互作用，构建分析人类的陆地与海洋开发活动对海岸带生态系统产生危害的综合分析框架。Grave（1998）分析了围填海对浮游生态系统的影响。还有学者从单纯考虑海洋资源的储量开发转向对各类海洋资源的管理研究，以保证海洋资源（尤指海洋渔业）的可持续开发利用，并从海洋生态系统管理的视角审视海洋资源的实际承载力。例如，Guillermo（2002）对世界沿海国家的海岸带经济综合管理性规律进行研究；Side和Jowitt（2002）通过对海洋资源开发的发展趋势和管理模式的研究认为，技术在海洋资源开发过程中极为重要。

国内海洋资源利用的相关研究主要集中于海洋资源开发利用研究与综合评价。吴姗姗等（2008）在对海洋资源分类的基础上，构建了海洋资源综合价值量评估指标，核算了渤海地区海洋资源的价值量；张耀光等（2002）综合评估了渤海海洋资源现状，分析研究了渤海环境污染等问题；李悦铮等（2013）对国内外海岛旅游评价体系研究进行了理论分析，通过构建指标体系对海岛旅游资源进行了研究，为我国海岛资源评价提供了借鉴；韩秋影等（2006）分析了如何评估海洋资源及其价值，并指出了评估过程需要重视的问题；张耀光等（2010）通过测算辽宁沿海经济带海洋资源丰度，探讨了辽宁省沿海地区经济增长与资源产出的关系；刘勤（2011）通过研究分析我国海洋空间资源性资产的利用现状，总结了效率流失的主要机理；韩美（2001）认为，海洋资源的可持续利用是指对海洋资源的协调、高效、公平、环保的开发利用，不同的海洋资源既存在共性又有个性，是支撑海洋经济可持续发展的重要基础；马涛等（2006）从海洋资源的属性特点出发，对其进行了类型划分并探讨了各类海洋资源的经济特征；段晓峰等（2009）以我国沿海省份为地域单元，以海洋资源开发利用形成的产业效益为研究视角，分析了我国沿海11个省份海洋资源利用效益的地域分异；于定勇等（2011）借鉴压力、状态、响应的作用关系，探讨了围填海开发活动对海洋资源的影响，建立了围填海开发活动对海洋资源作用的综合评价体系，并应用于福建福清湾及海坛峡海域实证研究；王倩和李亚宁（2018）通过对我国海岸线长度、海水养殖面积及海水水质的分析，研究了我国沿海地区海洋资源异质性；郑苗壮等（2013）在分析我国海洋资源开发利用现状及趋势的基础上，提出优先开发海洋渔业资源、油气资源和可再生能源，以缓解我国资源利用的紧张局势的建议。

目前国内外相关研究多从单一资源类型或产业来研究。①海洋交通运输业方面：Tongzon（2001）运用CCR模型对澳大利亚4个主要港口和其他12个国际集装箱港口的生产效率进行了比较分析；Cullinane等（2006）运用DEA方法评价了世界30个重要集装箱港口的生产效率，并分析了港口私有化与效率之间的关系。②海洋渔业资源方面：Tingley等（2005）运用DEA方法测算了英吉利海峡海洋渔业生产的技术效率；肖姗和孙才智（2008）运用DEA方法对沿海省份海洋渔业经济发展水平进行了评价；孙康等（2017）运用考虑非期望产出的SBM模型对中国沿海11个省份海洋渔业经济效率进行了评价。③海洋旅游资源方面：冯友建和于颖（2016）基于DEA方法对浙江海洋旅游业效率进行了定量研究；刘佳等（2015）运用DEA方法对沿海11个省份的旅游产业效率进行了测度，揭示了其演化特征及形成机理。还有学者对海洋经济的总体运行效率进行了研究：赵昕等（2016）采用SFA和DEA模型对中国沿海地区的海洋经济效率进行了评价；赵林等（2016b）基于非期望产出的SBM模型对中国沿海11个省份的海洋经济效率进行了测度；邹玮等（2017）对环渤海地区17个沿海城市的海洋经济效率进行了分析；狄乾斌和梁倩颖（2018）研究了碳排放约束下的海洋经济效率。

国外学者在研究海洋产业时，通常带有明显的全球工业化背景，并对海洋产业工业化过程进行整体评价，研究的热点多为交通运输、能源资源开采、海岸带工业等。20世纪90年代，世界上大多数国家仍然将研究视角集中于个别海洋产业的评价与分析，其中最常见的是海洋渔业、运输和海洋石油天然气行业。此后，学者们从某一具体海洋产业入手来阐述现代海洋产业发展状况及潜力。国内海洋产业研究早期以经济地理学为主，集中探究海洋产业布局及其形成条件和发展规律，然后趋向多元化。海洋产业结构优化方面，主要基于偏离–份额分析法、三角图法、三轴图法、灰色关联分析、产业结构熵、区位熵分析等研究各海洋产业的结构演进，探讨海洋产业发展的途径、模式与对策等。在海洋产业集聚与集群方面，主要研究海洋产业集聚与经济增长的关系、海洋产业集聚与集群的测度、海洋产业集聚形成机理等。在海洋主导产业选择方面，主要基于灰色系统理论、偏离–份额分析法、主成分分析法和层次分析法确定某地的海洋主导产业。在海洋产业竞争力方面，主要研究领域包括竞争力测度方法的完善和海洋产业竞争力分析两个层面，前者集中在指标体系的构建，后者侧重分析不同海洋产业或不同区域的海洋产业竞争力。

随着国内外海洋资源开发利用、海洋经济研究的不断深入，海洋资源利用与海洋产业发展的关系研究也越来越受到国内外学者的关注。国外对海洋资源与海洋产业发展关系进行了大量研究，侧重将经济学模型引入海洋生态学和资源经济学领域，将海洋经济研究的基础理论与实际应用相结合，展开对海洋资源的价值评价及开发管理研究。国内多从静态角度分析海洋产业与海洋资源之间的关系，针对海洋资源利用与海洋产业关系的研究较少，对各省份间相互作用的研究较少。代晓松（2007）从辽宁省海洋资源基础出发，利用灰色系统方法对辽宁主要海洋产业进行了关联度分析，并对辽宁海洋产业产值进行了预测。生楠（2016）基于我国海洋资源现状对沿海省份主要海洋产业进行了关联度分析，指出了海洋产业结构未来的调整趋势。黄瑞芬等（2009）运用耦合度模型和耦合协调度模型对环渤海经济圈进行了实证分析，得出海洋产业集聚与区域环境资源的耦合协调状态趋于好转的结论。高源等（2009）运用区位熵对沿海11个省份海洋产业的集聚程度进行了测度，指出我国已形成天津、上海、福建、海南集聚区，并运用耦合协调度模型对这4个集聚区海洋产业–资源环境复合系统的协调程度进行了测度。

纵观已有文献，现有研究多是对单类海洋资源效率进行研究，对多部门、多产业海洋资源的总体效率研究较少；海洋经济效率中资源投入不够全面，不能较好地表征海洋资源利用水平；针对海洋资源利用与海洋产业发展的关系研究较少。鉴于此，本章以我国沿海11个省份为研究对象，采用考虑非期望产出的超效率SBM模型对海洋资源效率进行测度，利用标准差椭圆、重心坐标等方法多角度识别不同省份海洋资源效率空间演化特征，并进一步分析其驱动因素，最后通过构建海洋产业生态化水平的评价指标体系，分析海洋资源效率与海洋产业生态化水平的关系，研究成果有利于补充海洋资源效率的研究内容，并且在一定程度上可以丰富海洋经济可持续发展研究理论，并为我国海洋资源的可持续利用提供科学建议。

第二节　海洋资源效率测度与评价

一、指标体系与数据来源

结合前人研究，本书将海洋生态效率的概念界定为在海洋经济发展过程中尽可能以最少的海洋资源消耗实现经济产出最优化和环境污染最小化，从而达到经济效益和环境效益的统一。在此基础上，根据海洋资源的涵盖范畴，参照陆域资源效率研究选取指标。陆域资源效率的研究，多选择水、土地、能源等资源消耗量作为投入指标，而海洋作为一个复合系统，海洋资源涵盖范畴广，难以精确衡量，考虑到数据可获取性，选取海洋资源消耗量作为投入指标，并尽可能地选择同类资源的多个指标来综合反映海洋资源。海洋资源包括海洋空间资源、海洋旅游资源、海洋渔业资源、海洋矿产资源。选取规模以上港口泊位数、码头长度、人均海岸线长度来综合反映海洋空间资源；选取海洋类型自然保护区数量来表征沿海省份海洋旅游资源；选取海洋捕捞产量及海水养殖产量来综合反映海洋渔业资源；选取海洋原油、海洋天然气、海洋砂矿的开发利用情况来综合表征海洋矿产资源。海洋资源的投入带动相关产业的发展，必定产生经济效益，考虑到投入指标的性质，选取海洋主要产业产值作为期望产出指标，选取废水直排入海量作为非期望产出。

本章研究区域为中国沿海11个省份，样本期为2000～2015年，数据来源于历年的《中国海洋年鉴》《中国环境统计年鉴》《中国统计年鉴》。

二、海洋资源效率时空演化分析

SBM模型是改进的DEA模型，可以解决投入产出的松弛性问题，但难以进一步区分效率都为1的决策单元，因此引入超效率SBM模型，当决策单元有效时，效率值可超过1。本书考虑到非期望产出，更贴近生产实际。运用MaxDEA软件，测算出2000～2015年我国沿海11个省份海洋资源效率值。由表4.1可知，中国沿海11个省份海洋资源效率值在时间上变化明显，在空间上呈现出明显的演化特征。

表4.1　2000～2015年中国沿海11个省份海洋资源效率值

地区	2000年	2003年	2005年	2007年	2009年	2011年	2013年	2015年
天津	0.2362	0.2015	0.2662	0.3193	0.4365	0.7838	0.9003	1.0060
河北	0.2256	0.2664	0.3102	0.3445	0.2291	0.3553	0.4184	0.5035
辽宁	0.0529	0.0661	0.0853	0.1173	0.1366	0.2396	0.3515	0.2355
上海	0.6495	0.6702	0.9432	1.1676	0.7654	0.9917	1.0768	0.9622
江苏	0.1233	0.1615	0.2238	0.3788	0.5364	0.8896	1.0072	1.1147
浙江	0.1578	0.1538	0.3120	0.4346	0.6486	0.9114	0.8229	0.8238
福建	0.0660	0.0761	0.1368	0.1873	0.2536	0.2892	0.4093	0.5284
山东	0.1228	0.1852	0.2120	0.2725	0.3196	0.4597	0.5532	0.7005
广东	0.1110	0.1566	0.1501	0.1884	0.2555	0.3645	0.4550	0.5755
广西	0.0447	0.0716	0.2361	0.2073	0.2506	0.2966	0.3677	0.4784
海南	0.0185	0.0586	0.0437	0.0436	0.0635	0.0695	0.1003	0.0995
全国	0.1643	0.1880	0.2654	0.3328	0.3541	0.5137	0.5875	0.6389

（一）沿海地区海洋资源效率时间演化特征

由图4.1可知，2000年全国海洋资源效率值为0.1643，处于较低的水平，说明我国在该时期的发展经济过程中存在严重的海洋资源粗放式开发以及环境污染现象等问题，海洋资源转化率低，经济产值不高，海洋资源开发利用方式的改进空间很大。其中，上海海洋资源效率值独占鳌头，其余10个省份的海洋资源效率值与其差距较大。2000年全国海洋资源效率值总体上为研究期内最低值，2000~2003年处于平稳状态，此后全国海洋资源效率值不断上升，趋势较为明显，2006~2007年增长较快，2007年全国海洋资源效率上升至0.3328，2007~2009年变化较小，此后开始呈持续上升趋势，2015年效率值达到0.6389。此外，2000年以后各省份海洋资源效率值均开始呈波动上升趋势，而全国海洋资源效率值变化幅度较为缓慢，由2000年的0.1643上升到2015年的0.6389，说明我国海洋资源效率正处于不断改进提升阶段，海洋资源开发由粗放式开发逐渐向集约利用方向转变升级。

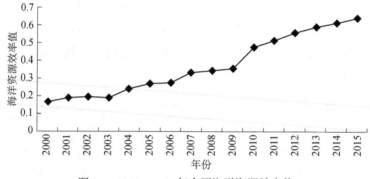

图4.1　2000~2015年全国海洋资源效率值

中国海洋经济发展起步较晚，海洋资源的开发利用主要为海洋渔业捕捞和海水养殖，海洋渔业处于粗放式发展模式。海洋原油、天然气、砂矿资源的开发多处于近浅海区，海洋资源开发利用的深度有待提升。此外，我国在发展海洋经济前期，海洋产业集中于第一、第二产业，属于较为盲目地开发海洋资源阶段，发展方式相对粗放，因而海洋资源效率低、增长缓慢且出现短暂波动；2003年，国务院印发《全国海洋经济发展规划纲要》，引导沿海省份海洋产业结构调整，促进了海洋资源效率的提升；2006年为"十一五"规划开局之年，国家确立了保护生态环境、加快建设资源节约型和环境友好型社会的总体思路，开始逐渐改变粗放式片面追求经济增长的模式，但海洋资源效率未能立刻显现，且受全球金融危机影响，2008年海洋资源效率相比之前变化不明显；2009年以后海洋资源效率上升趋势明显，国家政策红利开始显现。进入"十二五"时期以来，沿海各地区紧跟国家政策，积极调整产业布局，优化海洋产业结构，海洋经济开始快速增长，前期环保投入效益也开始显现，海洋资源效率逐步提高。

（二）沿海地区海洋资源效率空间演化特征

由图4.2可知，2000～2015年中国海洋资源效率空间演化特征明显，其重心主要位于长三角地区。椭圆在空间分布上总体呈扩大趋势，整体向南移动270.99千米，向西移动71.37千米，总位移为280.23千米。其中南北移动的距离大于东西移动的距离，总体呈现向西南方向移动的趋势。从标准椭圆分布形状来看，总体上短半轴呈减小趋势，长半轴呈增大趋势，即中国沿海地区海洋资源效率在东北方向上均呈收缩趋势，表明沿海地区海洋资源效率分布向心力逐渐增强；在南北方向上呈伸长趋势，说明我国沿海省份海洋资源效率在南北方向上逐渐向均衡趋势发展。中国沿海省份海洋资源效率在空间上呈现上述变化，主要原因在于长三角、珠三角地区海洋经济发展较为领先，陆域经济基础好，其中江苏沿海地区、长三角地区、珠三角城市群等沿海区域规划纷纷上升为国家战略，政策扶持的红利逐渐显现。各地依托区位和政策优势，加快海洋基础设施建设，推动海洋产业结构升级，海洋资源开发开始由近海向远海扩展，通过技术加持，延长了海洋资源开发的产业链，促进了海洋资源的高效集约利用，逐渐牵引效率重心向南移动。海洋资源效率重心主要位于长三角地区，说明长三角地区是我国海洋资源利用相对高效的地区，海洋资源相关产业发展较好，在空间上呈集聚态势。长三角地区中，上海拥有海洋交通运输和海洋船舶工业两大优势产业，海洋科技水平与科研投入都在全国区域内领先，重点发展海洋第二、第三产业，海洋经济结构较为合理，为海洋资源的高效利用提供了坚实的后盾，同时向外辐射，带动了江苏、浙江的发展。江苏、浙江陆域经济基础较好，对海洋发展的支撑能力强，后期依托政策扶持，促进了海洋资源的高效利用，效率不断提高。因此，长三角地区海洋资源效率较高，重心在空间上形成集聚状态。

（三）三大海洋经济区内部海洋资源效率空间演化特征

为进一步深入研究各地区内部海洋资源效率的空间演化特征，通过重心转移图分析北部、中部、南部三大海洋经济区内部海洋资源效率空间演化特征及其原因。如图4.3所示，中国沿海地区海洋经济效率地区差异明显，整体上呈北中南三级格局分布。

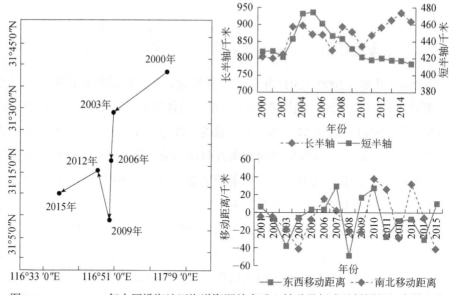

图4.2　2000～2015年中国沿海地区海洋资源效率重心转移及标准差椭圆长短半轴变化

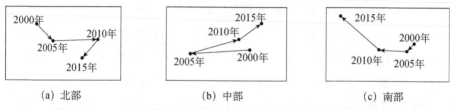

图4.3　2000～2015年中国沿海三大地区内部海洋资源效率重心转移

　　北部海洋经济区四省市（天津、山东、河北、辽宁）海洋资源效率标准差椭圆大致呈西南—东北方向分布，效率重心主要集中在天津，重心移动轨迹在南—北方向上呈现向南移动的趋势，东—西方向上则向东移动，总位移为37.61千米，其中向东移动30.80千米，向南移动21.59千米。海洋资源效率重心主要集中于天津附近，主要原因是天津地理位置优越：2005年天津滨海新区成立，2013年天津成为全国第五个海洋经济发展试点区，将海洋发展上升到国家战略地位，同时依靠科技带动海洋产业升级，新兴产业所占比重逐年增高，资源效率也因此提升较快，位居前列。山东相较于河北、辽宁，海洋资源禀赋更高，同时山东积极融入"21世纪海上丝绸之路"的建设，扩大海洋经济发展空间，将海洋新兴产业作为主要发展方向，基于海洋高新科技提升资源的高效集约利用，逐渐拉动重心向南迁移。河北省海洋资源总量处于劣势，相对而言，其海洋经济体量较小，资源禀赋和科技水平约束了海洋经济的进一步发展；辽宁老工业基地历史深厚，虽然国家提出振兴东北老工业基地，但其本身海洋意识薄弱，总体上由于海洋科技创新不强，新兴海洋产业较少，海洋资源效率低，短时间内难以摆脱历史沉淀。

中部海洋经济区三省市（上海、江苏、浙江）标准差椭圆呈西北—东南方向分布，效率重心移动路径在南—北方向上呈现向北移动的趋势，东—西方向上则向西移动，总位移为79.89千米，其中向西移动75.02千米，向北移动27.46千米。椭圆重心从上海逐渐缓慢向西北方向的江苏转移，主要原因是上海本身陆域经济基础雄厚，为发展海洋经济奠定了基础，且上海作为首批对外开放城市，区位优势明显，海洋第三产业发展势头强劲，形成了以海洋服务业为主的海洋经济发展态势，海洋资源效率保持较高水平，但海洋资源条件有限。江苏海洋经济虽然起点较低但发展迅速，2009年国务院通过《江苏省沿海地区发展规划》，加快江苏海域滩涂资源开发，使海洋交通运输、海洋船舶制造业迅速发展，扶持海洋生物制药等新兴产业，促海洋产业结构不断优化升级，2015年江苏的海洋第三产业已超过海洋第二产业，海洋资源效率得到快速提升，成为中国中部沿海地区重要的经济增长极。浙江虽在全国处于中等以上地位，但相比上海、江苏，第三产业比重较低，资源效率相对较低。

南部海洋经济区四省区（海南、广东、福建、广西）标准差椭圆呈东北—西南方向分布，海洋资源效率重心在移动路径上呈向东北方向移动的趋势，其中向西移动23.78千米，向北移动54.98千米。效率重心主要位于广东，逐渐向西北方向的福建转移，主要原因是广东是海洋大省，区位优势明显，也因此吸引了邻近区域的人才、资源聚集，使本身经济基础处于劣势的广西、海南在发展海洋经济上受到挤压。福建海洋资源禀赋较高，2012年福建海峡蓝色经济试验区上升为国家战略，在政策引领下逐渐改造传统海洋产业，拉动海洋新兴产业，升级海洋产业结构，逐渐升高资源利用效率，由此拉动了重心迁移。广西海洋资源禀赋及开发处于弱势，海洋经济基础较差，海洋主导产业布局雷同且海洋主要产业的产值低于全国平均水平，海洋资源开发效益低；海南海域最为广阔，但滨海旅游业收入长期占据着地区总产值的1/4，海洋产业结构严重不平衡，没有充分发挥海洋资源优势，导致资源利用效率低。

三、海洋资源效率驱动因素分析

结合海洋资源效率值，考虑到海洋资源效率不仅取决于海洋资源消耗，还受到外部因素的影响，因此运用Tobit模型对外部影响因素进行评价，以求得海洋资源效率的驱动因素。因变量是各省份历年海洋资源效率值（Y），结合前人的研究，解释变量有：①陆域经济发展水平（L）——选用人均地区生产总值表示，陆地作为海洋经济发展的载体，为海洋资源效率提供了基础支撑，预期对海洋资源效率产生正向影响；②海洋科研人力投入（P）——用海洋科研人员占海洋从业人员比重表示，海洋科研人员可通过技术提升海洋科技创新能力，引导产业结构升级，预期对海洋资源效率产生正向影响；③海洋科研支持力度（G）——用海洋科研经费中政府投入所占的比重表示，政府对海洋科研的经费投入影响科研成果的转化，在一定程度上可以代表政府对其重视程度，预期对海洋资源效率产生正向影响；④区位优势（A）——用海洋经济区位熵表示，指该省份海洋生产总值在沿海11个省份全部海洋生产总值中所占的比重与该省份GDP在沿海11个省份全部GDP中所占比重之间的比值，预期对海洋资源效率产生正向影响；⑤节能减排力度（C）——用单位海洋经济生产总值能耗表征，单位海洋经济生产总值能耗越低，节能减排力度越强，有利于资源效率的提高，预期对海洋资源效率的影响为正；⑥对外开放程度（O）——用沿海地区进出口总额占GDP比重表征，地区对外开放一方面有利于合理配置资源，吸引外资和先进的技术从而提高海洋资源效率，一方面也可能承接高消耗高污染型企业，不利于海洋资源的提高，预期影响不确定；⑦海洋产业结构（S）——用海洋第三产业产值占海洋总产值比重表示，海洋产业结构优化升级有利于资源的合理高效配置，预期影响为正。

结合影响因素指标和Tobit模型，建立回归方程：

$$\ln Y_{it} = \beta_0 + \beta_1 \times \ln L_{it} + \beta_2 \times \ln P_{it} + \beta_3 \times \ln G_{it} + \beta_4 \times \ln A_{it} + \beta_5 \times \ln C_{it} \\ + \beta_6 \times \ln O_{it} + \beta_7 \times \ln S_{it} + \varepsilon \tag{4.1}$$

式中，i 为沿海各省份 i=1，2，…，11；t 为年份；β_0 为常数项，β_1，β_2，…，β_7 为各解释变量的回归系数；ε 为误差项。通过 Hausman 检验结果，接受随机效应模型，回归结果如表4.2所示。

表4.2　中国沿海省份海洋资源效率影响因素回归结果

项目	系数	标准误差	T统计量	概率值P
$\ln L_{it}$	0.7921	0.1055	7.5094	0.0000 ***
$\ln P_{it}$	−0.6381	0.1487	−4.2912	0.0000 ***
$\ln G_{it}$	0.1111	0.1814	0.6122	0.5413
$\ln A_{it}$	0.0930	0.0262	3.5558	0.0005 ***

续表

项目	系数	标准误差	T统计量	概率值P
$\ln C_{it}$	0.1069	0.1388	0.7703	0.4422
$\ln O_{it}$	−0.0634	0.0724	−0.8755	0.3826
$\ln S_{it}$	2.0489	0.3407	6.0146	0.0000***
ε	−6.5282	0.7531	−8.6680	0.0000***

注：***表示在1%显著性水平上显著。

回归结果显示，陆域经济发展水平、区位优势、海洋产业结构对海洋资源效率为显著正向影响，海洋经济作为复合系统，是在陆域经济的基础上发展起来的，从某种程度上来说，海洋经济是陆域经济的延伸，陆域经济可以为海洋产业结构升级提供资金支撑，引起海洋资源效率的提高。海洋经济区位熵越高，说明该省份海洋经济集聚优势越强，可不断吸引相关海洋产业和企业进入，引进资金、人才和技术，增加与当地海洋产业和企业的合作关系，优化资源配置，延长海洋经济产业链，使海洋资源得到高效集约利用。同时，海洋产业、企业之间相互竞争，应不断提升海洋科技创新能力和管理水平，从而提高海洋资源效率。海洋产业结构的升级能显著提高海洋资源效率，传统海洋产业对海洋资源的依赖性强，粗放的开发方式造成海洋资源的浪费，且对海洋生态环境的迫害严重。海洋第三产业对海洋资源的依赖较小，因而对海洋资源效率的提高作用显著。

海洋科研人力投入对海洋资源效率的影响为负，说明在发展海洋经济的过程中，虽然海洋科研人力投入多，但将科研成果应用到实际的较少。目前我国海洋经济发展仍处于转型时期，大多数海洋产业为劳动密集型产业，对海洋高科技人才需求较低。同时国内海洋技术的进步多来源于对外来技术的模仿，自身创新能力不强，却投入了大量的人力、财力，在一定程度上造成了资源的浪费，反而降低了整体的资源效率。

海洋科研支持力度、节能减排力度、对外开放程度在研究期内对海洋资源效率的影响没有通过1%显著性水平检验。政府对海洋科技的支持力度虽然逐年递增，但在研究期内影响不显著，说明海洋科技优势并未完全转化为产业优势，存在自主创新能力不足、海洋科技应用率较低、海洋科技成果转化周期较长的问题，应用到海洋资源消耗和利用过程中的成果少，应加强科研机构与企业之间的合作交流。沿海地区单位海洋经济生产总值能耗对海洋资源效率无显著影响，我国海洋经济早期主要依托于陆域经济发展，在海洋资源开发方面为粗放式开发利用，在追求经济效益时忽视了生态环保。虽然近年来各地重视绿色环保，但综合来看，目前的节能减排环保力度对当前海洋环境治理的效果不够理想，对海洋资源效率影响显著性不强，因此应建立健全海洋生态环境保护机制，注重发展海洋环保技术，提高海洋经济活动的环保水平。对外开放程度在研究期内不能显著带动资源效率的提高，虽然在发展海洋经济过程中会提升海洋经济产值，但也可能会因为部分地区承接发达国家高消耗、高污染的海洋产业，造成对我国沿海区域海洋资源的进一步消耗，加重海洋污染问题的严峻性，对海洋经济发展造成负面影响，不利于海洋资源效率的提高，这一结论支持污染天堂假说。

第三节　海洋资源效率与海洋产业生态化水平的关系

一、研究方法

（一）熵值法

熵值法是通过评价指标间差异来得出权重系数的，以此度量指标体系内各指标的重要程度。熵值法可以避免主观因素干扰，进行客观赋权，其计算结果可信度较高，计算过程如下。

（1）数据标准化。为消除指标之间量纲和正负取向的影响，采用极差标准化的方法对原始数据矩阵进行无量纲化标准处理：

$$X_{ij} = \frac{x_{ij} - \min(x_{ij})}{\max(x_{ij}) - \min(x_{ij})} \tag{4.2}$$

$$X_{ij} = \frac{\max(x_{ij}) - x_{ij}}{\max(x_{ij}) - \min(x_{ij})} \tag{4.3}$$

式中，$x_{ij}(i=1, 2, \cdots, m; j=1, 2, \cdots, n)$为指标原始数据矩阵，$m$为评价对象个数，$n$为指标个数；$X_{ij}$为标准化处理后的数据矩阵；$\max(x_{ij})$和$\min(x_{ij})$分别为第$j$项指标的最大值和最小值。正向指标用式（4.2），负向指标用式（4.3）。

（2）计算各指标熵值e_j：

$$e_j = -\frac{1}{\ln m} \sum_{i=1}^{m} p_{ij} \ln(p_{ij}) \quad (0 \leqslant e_j \leqslant 1) \tag{4.4}$$

其中，$p_{ij} = X_{ij} \bigg/ \sum\limits_{i=1}^{m} X_{ij}$，表示第 i 个被评价对象在第 j 个评价指标上的指标值比值。

（3）计算指标权重系数 w_j：

$$w_j = (1 - e_j) \bigg/ \sum\limits_{j=1}^{n} (1 - e_j) \tag{4.5}$$

（4）评价对象海洋产业生态化的综合得分 Z_i：

$$Z_i = \sum\limits_{j=1}^{n} (w_j X_{ij}) \tag{4.6}$$

（二）象限图法

象限图法源于笛卡儿坐标，将横坐标轴 X 与纵坐标轴 Y 形成的区域称作象限，以公共原点为中心，通过 X 轴、Y 轴划为4个象限。参考相关研究，具体绘制方法是将资源利用效率（RE）和产业生态化（IE）进行标准差标准化处理，生成新的变量 ZRE 和 ZIE，并将 ZRE 作为 Y 轴，ZIE 作为 X 轴，从而绘制成点集（ZRE，ZIE），即在坐标轴上绘制出散点样式的象限图。

二、指标体系

海洋产业生态化强调产业系统与生态系统的协同发展，在已有研究基础上，结合沿海11个省份发展实际，在数据可获得的前提下，将海洋产业生态化水平综合评价指标体系（表4.3）分为产业系统和生态系统两个维度。产业系统从产业发展规模、产业发展速度、产业发展质量三个要素层选取相应的指标进行测度；生态系统的评价则选取污染排放和生态治理两个要素层，重点关注污染物排放与环保等方面。

表4.3　海洋产业生态化水平综合评价指标体系

目标层	维度层	要素层	指标	性质
海洋产业生态化水平	产业系统	产业发展规模	海洋产业总产值	正向
			海洋经济占 GDP 比重	正向
		产业发展速度	海洋产业增加值	正向
			海洋第三产业增长弹性系数	正向

续表

目标层	维度层	要素层	指标	性质
海洋产业生态化水平	产业系统	产业发展质量	人均海洋产业产值	正向
			海岸线经济密度	正向
			海洋产业结构高度化指数	正向
	生态系统	污染排放	工业废水直排入海量	负向
			化学需氧量排放总量	负向
			氨氮排放总量	负向
		生态治理	工业废水达标排放率	正向
			工业废水处理能力	正向
			固体废弃物综合利用率	正向
			环保投资占 GDP 比重	正向

三、海洋产业生态化水平评价

根据公式计算 2000~2015 年我国沿海 11 个省份及三大地区海洋产业生态化水平平均得分，如图 4.4 和图 4.5 所示。从各省份海洋产业生态化水平发展得分来看，天津海洋产业生态化水平最高，平均得分为 0.5289，上海海洋产业生态化水平（0.4883）处于第二位，两市海洋产业生态化水平远高于其他省份，广西海洋产业生态化水平（0.1910）最低，可见沿海各省份海洋产业生态化水平发展不平衡，差距明显。从我国沿海 11 个省份总体平均水平来看，2000~2015年我国海洋产业生态化水平表现为波动上升的增长趋势，由 2000 年的 0.2580 增长到 2015 年的 0.4052。从沿海三大地区海洋产业生态化水平来看，总体上其均呈波动上升的态势，且地区间差异较为明显。2000~2015 年，环渤海地区海洋产业生态化水平均值为 0.3388，长三角地区为 0.3456，珠三角地区为 0.2874。2000~2010 年，长三角地区海洋产业生态化水平处于领先地位；2011 年及以后，环渤海地区海洋产业生态化水平逐渐赶超长三角地区，处于最高水平。珠三角地区海洋产业生态化水平始终处于最低得分，而且在研究期内没有达到全国平均水平，沿海三大地区中天津（0.5289）、上海（0.4883）、海南（0.3492）分别领先。

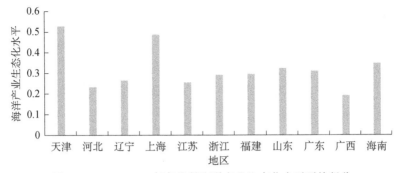

图4.4 2000～2015年各省份海洋产业生态化水平平均得分

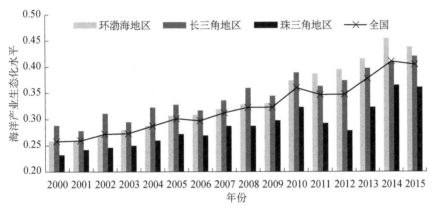

图4.5 2000～2015年中国沿海三大地区海洋产业生态化水平变化情况

四、海洋资源效率与海洋产业生态化水平关系分析

本书以2000年、2005年、2010年、2015年为例，采用象限图法描述海洋产业生态化水平与海洋资源效率的关系。具体绘制方法是将RE和IE进行标准差标准化处理，生成新的变量ZRE和ZIE，并将ZRE作为Y轴、ZIE作为X轴，横坐标轴为海洋资源效率的平均水平，纵坐标轴为海洋产业生态化水平的平均值，以横纵坐标轴将沿海11个省份划分为四类，分别是：高级协调型（ZIE＞0，ZRE＞0），海洋产业生态化水平较高，海洋资源效率同步，呈双高状态；资源效率优先型（ZIE＜0，ZRE＞0），海洋资源效率较高，而海洋产业生态化水平较低；低级协调型（ZIE＜0，ZRE＜0），海洋产业生态化水平和海洋资源效率均较低，呈双低状态；产业生态化优先型（ZIE＞0，ZRE＜0），海洋产业生态化水平较高，而海洋资源效率相对较低。

根据计算结果，结果如表4.4所示，2000年处于高级协调型的有上海、天津，河北属于资源效率优先型，低级协调型包括辽宁、江苏、福建、山东、广东、广西，海南、浙江是产业生态化优先型；2005 年处于高级协调型的有上海、天津，河北、浙江属于资源效率优先型，低级协调型包括辽宁、江苏、福建、山东、广东、广西，海南属于产业生态化优先型；2010 年处于高级协调型的有上海、天津，江苏、浙江属于资源效率优先型，低级协调型包括辽宁、河北、福建、山东、广西，海南、广东属于产业生态化优先型；2015 年处于高级协调型的有上海、天津、山东，江苏、浙江属于资源效率优先型，低级协调型包括辽宁、河北、广西、海南，福建、广东属于产业生态化优先型。

表4.4 海洋资源效率与海洋产业生态化水平关系类型

类型	2000年	2005年	2010年	2015年
高级协调型	上海、天津	上海、天津	上海、天津	上海、天津、山东
资源效率优先型	河北	河北、浙江	江苏、浙江	江苏、浙江
低级协调型	辽宁、江苏、福建、山东、广东、广西	辽宁、江苏、福建、山东、广东、广西	辽宁、河北、福建、山东、广西	辽宁、河北、广西、海南
产业生态化优先型	海南、浙江	海南	海南、广东	福建、广东

　　研究期内，我国沿海省份海洋资源效率与海洋产业生态化水平的关系总体上以协调为主，一半以上的省份处于协调发展阶段，但属于低级协调型的省份最多，说明大部分省份海洋资源效率低，海洋产业生态化水平也不高。另外，多数省份波动性比较明显，在2000年、2005年、2010年和2015年四个时间节点下，上海、天津、辽宁、广西比较稳定，其中上海、天津两市的海洋资源效率与海洋产业生态化水平一直处于高级协调发展状态，辽宁、广西则一直处于低级协调状态。河北由资源效率优先型转变为低级协调型，山东由低级协调型转变为高级协调型，浙江由产业生态化优先型演化为资源效率优先型，江苏由低级协调型演化为资源效率优先型，福建、广东由低级协调型演化为产业生态化优先型，海南由产业生态化优先型转向低级协调型。

　　上海、天津无论是在海洋产业生态化水平还是在海洋资源效率方面，都得到了良好的发展。该类省份的主要特点是陆域经济发达，海洋产业附加值较高。海洋产业是陆域产业向海洋延伸的产物，经历了从依附陆域产业到逐渐发展壮大的过程。上海的海洋资源效率与海洋产业生态化水平始终在较高水平：一方面，上海位于我国经济发展的前沿，本身陆域经济基础雄厚，海洋科技水平与科研投入都领先于全国，为发展海洋产业提供了坚实的后盾。另一方面，上海属于早期沿海开放城市之一，在海洋经济发展过程中可以有效利用陆域的资金和技术以及国外的合作交流，其海洋生态环境较好，形成了以海洋服务业为主的高附加值海洋产业发展态势。

天津虽然海岸线较短，存在海洋资源开发短板，但区位优势明显，在京津冀一体化过程中，得到有力的资金、政策扶持，再加上2013年天津成为全国第五个海洋经济发展试点区，海洋发展逐渐上升到国家战略地位，同时依靠科技带动海洋产业升级，政策边际效应开始显现，海洋生物医药等新兴产业所占比重逐年增高，海洋产业结构化指数较高，资源效率提高较快，在海洋产业发展中注重发展海洋第三产业，第三产业增长弹性系数较高，海岸线经济密度较高，同时注重工业污染物排放处理，海洋产业生态化水平较为稳定。

浙江经历了从产业生态化优先型到资源效率优先型的转变，主要原因是浙江虽然是海洋大省，但在研究初期，其海洋资源开发还没有摆脱以量扩张为主的发展阶段，因而海洋资源效率相对较低，但依靠陆域经济支撑以及科技投入，海洋产业转型较快。在国家战略的引导下，该省成立海洋生态文明示范区，环保投资力度加大，海洋资源效率明显提升，但发展经济中对海洋环境的胁迫压力较大，未能有效显现，浙江海洋第三产业比重相对较低，产业结构化指数有待提升，海洋产业生态化相对处于较低态势。

福建、广东由低级协调型演化为产业生态化优先型。广东经济发展水平处于我国前列，有利于吸引人才、资源聚集，但广东早期内部发展不平衡，造成珠三角地区产业过度集聚，对海岸带环境的压迫较大，海洋资源利用率未能达到有效水平。近年来，广东依托珠三角区位优势，积极推动海洋科技创新，重点发展进出口贸易、海洋生物、海洋公共服务等现代海洋产业体系，海洋经济的"服务化"特征明显，更加注重海洋产业生态化水平的提升，海洋资源效率与海洋产业生态化水平也逐渐趋向高级协调化发展。福建虽然海洋资源较为丰富，但以海洋渔业捕捞为主，海洋产品附加值低，海洋资源效率低。2012年，福建海峡蓝色经济试验区上升为国家战略。在政策引领下，福建逐渐改造传统海洋产业，拉动海洋新兴产业，海洋产业结构升级，海洋产业生态化水平得到提高。

江苏从低级协调型逐渐演化为资源效率优先型，海洋产业生态化水平滞后。江苏海洋经济起点较低、规模较小，早期发展处于粗放式开放，因而海洋资源效率低，海洋产业生态化也未能得到高度重视。但江苏具备一定的陆域经济基础，通过发展新兴产业，使得海洋资源效率得到提升，但其海洋产业仍以海洋渔业、海洋交通运输、海洋化工等传统产业为主，产业结构化指数相对较低，相比其他地区优势不够明显，因此造成生产过程中清洁化水平较低，废物综合利用率低，海洋产业生态化水平有待提升。

广西的海洋资源效率和海洋产业生态化水平一直处于低级协调状态，广西海洋资源禀赋及海洋经济处于弱势，发展相对落后，海洋传统产业处于粗放的发展模式且海洋主导产业布局雷同，海洋主要产业产值低于全国平均水平，海洋科技力量制约了海洋资源效率和海洋产业生态化水平的提升。

辽宁拥有较为丰富的海洋资源，但海洋资源开发利用不合理，造成资源浪费和环境污染问题严重。其老工业基地历史深厚，海洋意识较为薄弱，海洋新兴产业有待发展，短时间内难以摆脱历史沉淀。

河北海洋资源劣势明显，相对而言，海洋经济体量较小，实力弱，海洋经济占地区生产总值的比重较低，海洋产业结构升级缓慢，石油化工等高污染产业对海洋生态环境压力较大，约束了海洋资源效率和海洋产业生态化水平的进一步发展。

山东变化比较明显，由低级协调型转化为高级协调型。其海洋经济发展前期，海洋渔业和海洋盐业所占比重较大，资源开发利用处于满足量的阶段，生产方式粗放，制约了海洋资源效率和海洋产业生态化水平的提高；与此同时，沿海地区产业布局不够合理，工业废水直排入海量等污染排放较多。2011年，国务院批复《山东半岛蓝色经济区发展规划》，山东加强海洋科技创新投入，支持海洋产业转型发展，海洋资源效率提升速度加快。同时山东积极参与"21世纪海上丝绸之路"的建设，扩大海洋经济发展空间，将海洋新兴产业作为主要发展方向，加大海洋污染治理力度，海洋产业生态化水平得以提高。

海南先后属于产业生态化优先型和低级协调型，海洋资源效率滞后。海南虽然拥有广阔的海域，但相对其他沿海省份，海洋经济体量较小，海洋产业结构严重不平衡：其以滨海旅游业为主，注重海洋生态环境保护，海洋产业生态化水平较高，而海洋主要产业产值却长期处于沿海11个省份末位，海洋第二产业发展不足，海洋科技综合支撑能力弱，低产出制约了海洋资源效率的提高。

第四节　小　　结

本章以海洋产业生态化水平与海洋资源效率两方面为出发点，一方面，以2000～2015年我国沿海11个省份为研究对象，运用考虑非期望产出的超效率SBM模型测算效率值，结合标准差椭圆、重心坐标方法，刻画其时空演化特征，最后运用Tobit模型研究影响我国海洋资源效率的驱动因素；另一方面，从产业系统和生态系统两个维度构建中国沿海省份海洋产业生态化水平综合评价指标体系，利用熵值法测度沿海各省份海洋产业生态化水平，运用象限图法进一步分析海洋产业生态化水平和海洋资源效率的关系，结果如下。

2000～2015年沿海11个省份海洋资源效率均有一定提升，但变化幅度不一，其中江苏、天津、浙江、山东海洋资源效率值均提高0.5以上，辽宁、海南、河北效率值上升幅度较小。全国海洋资源效率呈波动上升趋势，由2000年的0.1643上升到2015年的0.6389，其中55%的省份低于全国平均海洋资源效率，说明我国海洋资源开发仍处于由传统粗放的发展模式向集约式利用海洋资源的转型阶段，海洋资源效率还有很大的上升空间。研究期内，中国沿海地区海洋资源效率重心主要位于长三角地区，标准差椭圆在东西方向上呈收缩趋势，南北方向上呈伸长趋势，地区间差异有所减小。三大海洋经济区内部空间演化特征明显，其中北部海洋经济区效率重心主要集中在天津，并呈现向东南移动的趋势；中部海洋经济区效率重心主要分布在上海，呈向东北移动的趋势；南部海洋经济区效率重心主要分布在广东，呈向西北移动的趋势。

对海洋资源效率驱动因素进行分析，其中陆域经济发展水平、区位优势、海洋产业结构对我国海洋资源效率为显著正向影响，海洋科研人力投入影响为负，海洋科研支持力度、节能减排力度、对外开放程度没有通过1%显著性水平检验，在研究期内对海洋资源效率的影响不明显。

另外，研究期内我国海洋产业生态化水平表现为波动上升的增长趋势。从沿海三大地区海洋产业生态化水平来看，地区间差异较为明显。其中环渤海地区海洋产业生态化水平平均值为0.3388，长三角地区为0.3465，珠三角地区为0.2874。2000～2010年，长三角地区海洋产业生态化水平处于领先地位；2011年及以后，环渤海地区海洋产业生态化水平逐渐赶超长三角地区，处于最高水平。珠三角地区海洋产业生态化水平始终处于最低得分，而且在研究期内没有达到全国平均水平。沿海三大地区中天津、上海、海南分别领先。

我国沿海省份海洋资源效率与海洋产业生态化水平的关系总体上以协调为主，一半以上的省份处于协调发展阶段，但属于低级协调型的省份最多，说明大部分省份海洋资源效率低，海洋产业生态化水平也不高。上海、天津、辽宁、广西比较稳定，其中上海、天津两市的海洋资源效率与海洋产业生态化水平一直处于高级协调发展状态，辽宁、广西则一直处于低级协调状态。河北由资源效率优先型转变为低级协调型，山东由低级协调型转变为高级协调型，浙江由产业生态化优先型演化为资源效率优先型，江苏由低级协调型演化为资源效率优先型，福建、广东由低级协调型演化为产业生态化优先型，海南由产业生态化优先型转向低级协调型。对此提出以下建议。

1）充分发挥海洋资源优势，因地制宜，提高海洋资源效率

海洋经济作为陆域经济的延伸，两者互相影响，当前需要重视海洋资源在发展中的重要作用。各省份应依据区域优势，提高海洋经济集聚优势，不断吸引相关海洋产业和企业进入，引进资金、人才和技术，可以增加与当地海洋产业和企业的合作关系，延长海洋经济产业链，优化资源配置，实现海洋资源的高效集约利用，并且形成海洋产业、企业之间的良性竞争，提升海洋科技创新能力和管理水平，从而提高海洋资源效率。

2）注重海洋资源的可持续利用以及生态环境保护

海洋产业生态化水平及其与海洋资源效率的关系变动情况不仅取决于沿海各省份海洋产业活动和海洋资源利用状况的变化，还与微观、宏观层面的外在环境等相关，其影响因素及内在驱动机制将是未来进一步研究的方向。海洋科研人力资本对海洋资源效率的影响为负，说明在发展海洋经济的过程中，虽然海洋科研人力投入多，但科研成果应用到实际的较少。目前我国海洋经济发展仍处于转型时期，大多数海洋产业发展模式以劳动密集型为主，对海洋高科技人才需求较低。同时，国内海洋技术的进步多来源于对外来技术的模仿，自身创新能力不强，却投入了大量的人力、财力，在一定程度上造成了资源的浪费，反而降低了整体的资源效率。在绿色发展理念的背景下，各省份应注重海洋资源的可持续利用以及生态环境保护，结合各自实际，加强海陆统筹，抓住"21世纪海上丝绸之路"建设机遇，加强区域间的合作交流，逐步推动海洋经济高质量发展。各省份应结合吸引外资和高新技术，调整海洋产业结构，发展

海洋新兴产业，加强海洋环保水平，提高海洋经济区位优势，还应注意把握海洋科研人才资本及资金的投入力度，提高科技成果转化率，减少无效投入。同时，今后要发挥各地区中效率重心所在省份的牵引作用，发挥自身优势，加大与相邻较强省份的合作联系，带动海洋资源效率弱势地区协同发展。

第五章

海洋环境与海陆资源经济的协调发展

第一节 引　　言

一、研究背景

随着陆域资源越来越紧缺，人类将活动的领域扩展到海洋。海洋为陆域经济社会发展提供了丰富的资源和广阔的空间，在提升地区的综合实力和竞争力方面发挥了重要的作用。2001 年 5 月，联合国缔约国文件中强调"21 世纪是海洋世纪"。今后十年甚至五十年内，国际海洋形势将发生较大的变化，发达国家的目光将从外太空转向海洋，海洋将成为国际竞争的主要领域，海洋经济正在并将继续成为全球经济新的增长点。美国认为，海洋是地球上"最后的开辟疆域"，未来 50 年要将发展重点从外层空间转向海洋；加拿大从海洋产业出发，扩大就业，扩展国际市场；日本利用科技手段加速海洋开发，提高国际竞争力；英国把发展海洋科学作为迎接 21 世纪的一次机遇；澳大利亚在今后 10～15 年内将强化海洋基础知识的普及，加强海洋资源的可持续利用与开发；我国与"21 世纪海上丝绸之路"沿线国家在基础设施建设、经济贸易、环境保护、人文交流、防灾减灾和直接投资等方面开展了务实合作。

然而在经济发展的同时，资源的消耗严重破坏了海洋环境。经济及资源是影响海洋环境质量的关键因素。海洋与陆地之间存在合作共生关系，并且相互给养。海洋为陆域提供空间和资源，陆域为海洋提供资金和技术。海陆之间最基本的关系是产品的供求关系。同时，海陆之间也存在着竞争淘汰关系，主要包括在海岸带上展开激烈的土地使用、生产要素需求、产业政策倾斜要求等方面的竞争。尤其在产权不明晰、存在外部性的条件下，竞争将更加强烈。2018年，《中华人民共和国海洋环境保护法》重点强调，要在全国防治陆源污染物和海岸工程建设对海洋环境的污染损害。因此，研究海洋环境同资源、经济的协调耦合发展，无疑是促进海洋经济和社会可持续发展的新的突破点。

作为高质量发展的战略要地，海洋生态系统在经济快速发展的同时，遭受着严重破坏，目前我国海洋环境的状况主要有：①海岸侵蚀现象比较突出。例如，我国苏北滨海县废黄河口岸段，自黄河北从山东入海后，泥沙的输送补充断绝，导致海岸侵蚀现象加剧，岸段因被海水侵蚀严重后退。海岸侵蚀破坏公路、桥梁和海底电缆管道，毁坏海堤、防护堤、防护林及其他各种护岸工程，加剧港口与航道淤积等。海岸侵蚀同时也破坏了景观旅游资源，如沿岸林带、炮台、古城墙、古建筑、优美的地貌景观和浴场等。②海洋污染日趋严重。据估计，全球海洋污染物中的80%来源于陆地（蔡旭等，2017）。中国沿海地区有许多工矿企业，大量工业污水和生活污水每年从这里排入海洋，严重影响海洋环境的质量。特别是沿海和近海海湾，这些地区都有不同程度的封闭性，其稀释扩散与降解作用大大低于开放海域。因此，以陆源为主的大量污染物入海后，会长期停滞在海湾之中，使水质、底质等遭受污染。③海洋生态环境恶化，生物多样性严重受损。海洋生态环境是海洋生物生存和发展的基础。世界海洋资源和空间的开发利用现已导致海洋生态环境恶化，并且不断加剧，主要表现在：某些河口、海湾生态系统瓦解或消失；海岸带与近海总体生物资源量降低；近海海区富营养化，赤潮现象频频发生；海洋生物多样性严重受损，资源结构趋向简单化等。绿色发展的现实要求倒逼海洋经济的发展已成为海洋经济高质量发展的新常态。党的十八大报告指出，"提高海洋资源开发能力，发展海洋经济，保护海洋生态环境，坚决维护国家海洋权益，建设海洋强国"。党的十九大报告指出，"坚持陆海统筹，加快建设海洋强国"。习近平（2019）在致中国海洋经济博览会贺信中指出："海洋是高质量发展战略要地……要高度重视海洋生态文明建设，加强海洋环境污染防治，保护海洋生物多样性，实现海洋资源有序开发利用，为子孙后代留下一片碧海蓝天。"可见，当前党和国家对我国海洋生态环境开发与保护的重视程度已提升到空前的战略高度。

二、研究现状

在国际上，海洋环境质量评估已从单一的污染评估演变为对海洋生态环境质量的全面评估。世界上广泛使用的两种综合海洋环境质量评价模型是欧盟"生态状况评价综合方法"和美国"沿岸海域状况综合评价方法"。欧盟的"生态状况评价综合方法"通过选择生物质量因子、物理化学品质因子和水文形态品质因子来评价河口和沿海水域的生态状况，但该方法使用类型专属的区域背景值作为参考标准，目前尚缺乏统一的操作程序，可操作性较差。美国的"沿岸海域状况综合评价方法"是美国环保局根据"净水行动计划"（Clean Water Action Plan）中关于沿岸水域状况综合报告的要求而设计的。这种方法选用了水清澈度、滨海湿地损失、溶解氧、富营养化状况、底栖指数、沉积物污染和鱼组织污染等指标来评价沿岸水域质量状况。Costanza 等（1998）将海洋经济产生的价值进行分类，并构建指标体系，在生态环境、金融经济和社会文化方面对本国范围内的海洋环境质量进行分析和评估。Martínez 等（2007）主要研究了沿海地区的生态环境对社会经济的重要性，他们认为有关海洋环境价值的评估工作还需要继续深入，这是实现沿海地区经济价值最大化的必要功课。

中国的海洋环境质量评价工作主要从三个方面进行——海水水质评价、沉积物质量评价和生物质量评价，主要采用单因素评价和综合指数评价方法。近年来，越来越多的研究人员将模糊综合分析模型、灰色关联分析、神经网络模型与层次分析法和德尔菲法相结合，用于海洋环境质量的评价和预测。杨晗熠（2006）围绕港口区评价问题，将层次分析法和模糊综合评判方法相结合，提出了一种新的定量的港口功能评价方法，并以此为理论基础，建立港口评价模型。王余（2007）对海洋功能区的评价指标与评价方法进行了研究。付会等（2007）将灰色关联分析应用于青岛某海域的环境质量评价中，并与模糊综合分析方法进行比较，探讨了两种方法在海洋环境质量评价中的优缺点。许小燕（2008）以响水、大丰为例，从环境因素、社会因素、自然因素等方面分析了江苏海洋功能区划的不一致性。徐胜和迟酩（2012）基于环渤海地区的海洋产业发展现状，实证分析相关海洋环境资源对海洋经济的影响，对环渤海海洋环境资源价值进行测评。孙才志等（2012）根据系统结构决定系统功能的原理，从结构视角出发，利用环渤海地区沿海城市的相关数据，对沿海城市海洋功能进行测度与评价，建立了环渤海地区的海洋功能评价模型。王群（2014）应用两种双壳类的综合生物标志物响应指数（IBR）[①]，以灵活性和可视化特征，评价了北部湾底栖环境质量。王慧祺等（2017）分析了亚龙湾附近海域的水质环境和沉积环境，研究了沉积物样品中各监测因子的环境质量，采用单因素评价方法对亚龙湾沿岸海域沉积物进行了评价。

国外关于海洋环境影响因素的研究较少，主要有：Tingley 等（2005）使用 SFA 和传统的 DEA 方法来测量和分析英吉利海峡的技术效率及其影响因素；Clausen 和 York（2008）通过研究海洋渔业的发展趋势，发现造成生物多样性丧失的主要原因是人口膨胀、经济增长和环境污染。

---

① IBR 在海洋环境质量评价中的应用较为广泛。该方法对筛选生物标志物种类及数量要求低，能够将生物响应同污染物联系起来进行"因果效应"分析。

关于海洋环境问题的影响因素有很多，国内学者主要针对影响沿海城市发展的相关因素进行了研究。刘学海（2010）认为，造成渤海海洋环境污染的主要原因是环渤海地区陆源污染超标排放以及水交换不畅。王光升等（2014）指出，我国沿海地区经济的高速增长严重污染了海洋环境。黄梦瑶（2017）的研究发现，江门市生活污水排放量与人均 GDP 拟合曲线有重合点，城市人口规模的扩张导致生活污水排放增多，进而影响海洋环境。有学者针对海洋经济发展相关因素进行了研究。盖美和周荔（2008）根据辽宁省 1996～2005 年的数据，测算了辽宁省海洋经济增长与海洋环境污染水平的关系，发现其未实现环境库兹涅茨曲线（EKC）假设。毛达（2010）指出，作为海洋环境污染物主体之一的海洋垃圾，是由以过度消费与过度生产为基础的社会发展模式导致的。慎丽华和张园园（2012）指出，海洋旅游现成为海洋环境污染的重要因素之一，包括旅游企业安排不合理、旅游者海洋环境保护意识薄弱、政府海洋环境保护立法工作不明确等。张和宾（2014）分析了海洋石油事故对海洋生态环境造成的经济损失。黄建平（2014）指出，我国石油进口量与海上运输量的增长是最近几年海洋环境污染最重要的原因之一。翁里和肖羽沁（2016）指出，海洋矿产资源开发是造成海洋环境污染的原因之一。另有学者针对相关制度法规进行了研究。吴继刚（2004）认为，海洋环境保护法的发展进程影响海洋环境的污染程度。卢建军（2012）、李硕（2013）基于海洋环境损害赔偿角度指出，海洋环境频频受到污染的原因在于海洋环境保护的相关法律法规不健全。马英杰和赵丽（2013）指出，经济快速发展致使海洋环境污染愈发严重，但海洋环境污染治理缺乏有效的法律防治体系。还有学者指出海洋环境保护意识的重要性。曹宇峰等（2014）指出，渤海环境遭受污染的原因主要有三个，分别是生态系统被破坏、海洋污染事故频发和陆源污染进入海洋。杨璇（2014）选取 2003～2012 年河北省综合能耗比例、相对劳动生产率、农业化肥施用量增长率、海洋科技研究人员比例、城市化水平、环保投资占第二产业比重、GDP 比例和海洋科研主题比例等指标进行研究，指出海洋环境污染主要受海洋环境和人为污染的影响。

国外关于经济和环境协调关系的研究在 20 世纪 60 年代开始出现。第二次世界大战后，西方发达国家迅速发展，环境问题日益突出。许多国家开始意识到经济和环境协调发展的重要性，相关研究相继开展起来。进入 21 世纪后，国外关于海洋经济与海洋环境协调发展的研究开始增多。大多数学者利用定量模型分析海洋经济与环境的关系，评估两者的协调发展水平。Jin 等（2003）将经济与环境分析模型合并，创建了用来研究沿海地带经济环境系统的输入输出模型。

Finnoff 和 Tschirhart（2008）采用一般均衡模型将海洋经济与环境联系起来，认为控制人口增长是改善海洋环境的唯一途径。Hoagland 和 Jin（2008）分析了海洋工业对世界上 60 多个海洋生态系统的海洋经济贡献及其对海洋环境破坏的程度，以及海洋经济发展与世界海域环境之间的联系。Kildow 和 Mcilgorm（2010）指出，当前海洋经济与海洋环境面临诸多问题，两者之间的发展缺乏协调性。

国内学者也展开了有关海洋环境与海洋经济协调发展的研究。李怀宇等（2007）以天津海洋经济和环境为研究对象，采用非线性动力学方法研究海洋经济系统与环境经济系统的协调关系。苏伟（2007）通过对 1996～2005 年广西沿海北部湾区域水环境系统和经济系统 13 个指标的测算，得出泛北部湾经济区广西近岸海域环境与经济发展属于协调类型。高乐华（2012）、狄乾斌和韩增林（2009）分别分析了我国和辽宁省海洋生态-经济-社会系统耦合关系，揭示了经济、生态、社会系统协调度的时空变化及海洋环境陆域经济活动与海洋经济活动的外部不经济性。所谓外部效应是指一个经济主体对另一个经济主体的非市场的影响，包括外部正效应（外部经济性）和外部负效应（外部不经济性），具体来讲就是企业或个人的行为影响了其他人或企业的福利，但没有激励机制使产生影响的个人或企业在决策中考虑这种影响，海洋环境问题恰是近岸陆域经济活动与海洋经济活动的外部不经济性。姜烨（2014）运用耦合度及协调度计算模型，分析得出目前广东省海洋经济与环境的协调水平不高的结论。范帅邦和赵丽玲（2015）采用基于库兹涅茨曲线理论的数理模型探讨了辽宁省沿海经济带经济发展和海洋环境的协调关系。张晓和白福臣（2018）运用耦合协调度模型进行实证分析，揭示了广东省海洋资源环境系统与海洋经济系统的耦合协调关系，提出要有效利用海洋资源环境并充分发挥海洋资源环境在经济发展中的最大效益。胡俊雄（2018）分析了湛江海洋经济与环境协调发展的必要性，提出了促进湛江海洋经济与环境协调发展的途径。盖美和宋强敏（2018）利用可变模糊识别模型和耦合协调模型评价了辽宁省沿海地区 2005～2015 年海洋资源环境经济复合系统和子系统承载力的时序演变规律与区域的内部差异，分析了耦合协调的发展趋势。盖美等（2018a）基于资源环境消耗现状和经济发展水平，应用可变模糊识别理论和耦合协调度模型对环渤海地区沿海城市海洋环境与经济协调度进行了定量分析，指出环渤海经济-资源-环境系统（ERE 系统）的耦合协调度一直维持在中等水平且有微弱上升的趋势。盖美等（2018b）通过可变模糊识别算法对中国海洋资源环境经济系统承载力进行了评价分析，得出中国海洋承载力协调发展状况良好的结论。

国外环境与经济关系的研究分为四个阶段。第一阶段（20世纪70年代）：由里昂惕夫为代表，利用投入产出模型研究区域经济发展对生态环境的影响。第二阶段（20世纪80年代）：以Forsund和Strom为代表的学者将环境因素引入可计算的一般均衡模型（CGE模型）进行研究。第三阶段（20世纪90年代）：Grossman和Krueger（1995）提出了环境库兹涅茨曲线的假设，即环境质量与经济增长之间的反U形关系。第四阶段（21世纪初）：从生态经济学的角度研究经济与环境的协调发展，主要采用生态经济一体化模型、自然资本模型和环境内生增长模型。

国内关于海洋环境与经济可持续发展优化调控的研究较少，其中以水环境与经济的最优调控研究最多。杨明杰等（2017）以水资源供需缺水量最小为优化目标，在对耗散结构、协同作用、有序原理和临界控制论进行分析的基础上，应用多纬度临界控制模型对新疆玛纳斯河流域水资源系统进行了优化调控监管。王茂军和栾维新（2000）综合考虑区域社会经济和环境，建立了黄海沿岸的海陆一体化调控模式。赵明华（2000）对海水入侵区人地系统作用机制及调控措施进行了研究。王西平（2001）从区域水环境与经济协调发展角度出发，建立了区域水环境决策支持系统。张雪花等（2002）将系统动力学和多目标规划集成模型应用于优化秦皇岛市的用水结构。邓祥征等（2011）基于动态环境CGE模型提出了乌梁素海盆地氮磷阶段的调控策略。叶龙浩等（2013）基于水环境承载力核算模型，在系统动力学模型对约束指标敏感性分析的基础上找出关键影响因素，提出最优控制方法，并将其应用于渭河流域系统，最终确定经济与环境协调发展的方向。

第二节　指标体系与数据来源

一、指标体系构建

（一）中国近岸海域环境质量评价指标和分级标准设定

参考盖美等（2018b）相关研究并结合中国海洋环境状况以及数据获取难

度，本章从污染排放、污染治理、污染面积和环保投资四个方面选取指标。遵循指标体系构建的科学性、可操作性、层次性、目标导向性等原则，将海洋环境质量评价指标体系分为三个层次：目标层、要素层和指标层。该体系共八项指标，如表5.1所示。

表5.1　我国海洋环境质量评价指标体系

目标层	要素层	指标层	类型	一级（极高）	二级（高）	三级（中等）	四级（低）	五级（极低）
海洋环境质量评价指标体系	污染排放	工业废水入海量/万吨	负	(0, 11]	(11, 120]	(120, 1 250]	(1 250, 13 350]	>13 350
		化学需氧量总排放量/万吨	负	(9, 17]	(17, 31]	(31, 57]	(57, 105]	(105, 199]
		氨氮总排放量/万吨	负	(0.76, 1.4]	(1.4, 2.7]	(2.7, 5.4]	(5.4, 10.7]	(10.7, 23.1]
	污染治理	工业废水达标排放率/%	正	[90, 100)	[81, 90)	[73, 81)	[65, 73)	<65
		工业废水处理能力/（百万吨/台）	正	(3.09, 5.83]	(1.67, 3.09]	(0.90, 1.67]	(0.48, 0.90]	(0, 0.48]
		固体废弃物综合利用率/%	正	(84, 100]	(72, 84]	(61~72]	(52, 61]	(44, 52]
	污染面积	海洋污染面积/平方千米	负	(0, 1]	(1, 16]	(16, 256]	(256, 4 092]	>4 092
	环保投资	环保投资占GDP的比重/%	正	>2.05	(1.40, 2.05]	(0.95, 1.40]	(0.65, 0.95]	(0.44, 0.65]

根据海洋环境质量评价指标体系并参照国内其他沿海经济带的分级标准确定了沿海省份海洋环境质量特征值评价标准，如表5.2所示。评定等级中一级属于极高水平，表示在满足海洋环境质量标准的前提下，能够促进社会的经济发展；二级属于高水平，表示海洋经济可持续发展程度较高；三级属于中等水平，表示海洋环境容量和经济环境的协调发展空间大；四级属于低水平，表示海洋环境质量差，严重污染的海洋环境对人类生产生活造成危害；五级属于极低水平，表示海洋环境破坏强度大，严重威胁到海洋经济的稳定发展。

表5.2　海洋环境质量特征值评价标准

特征值所属范围	评定标准	评定等级
[1.0, 1.5)	极高水平	一级
[1.5, 2.1)	高水平	二级
[2.1, 2.5)	中等水平	三级

续表

特征值所属范围	评定标准	评定等级
[2.5，2.7）	低水平	四级
[2.7，3.5]	极低水平	五级

（二）海洋环境系统与海陆资源经济系统的耦合机理与指标选取

1. 耦合机理

海洋环境系统与海陆资源经济系统的耦合机理是对系统间结构、功能和联系的耦合规律及运动变化的解析。海洋环境系统与海陆资源经济系统组成共同作用、共同影响的复合系统，如图5.1所示。海陆经济子系统以开发利用海陆资源所形成的产业为核心，是生产力与生产关系的体现，包括海洋经济系统如海洋油气业、海洋运输业、海洋化工业及海洋渔业等，以及陆地经济系统如冶金业、采矿业、电力工业和机械工业等。海陆资源经济系统保护和发展海洋环境系统中本身存在的对人类有价值的和可利用的物质。健康的海洋环境系统为海陆资源经济系统提供广阔的发展空间和资源基础；海陆经济的提高也为治理海洋环境提供充足的物质保证和资金、人力及智力支撑，但沿海地区海陆资源经济系统在发展过程中不可避免地会向海洋环境中排放废弃物。海洋环境与外部各系统不断发生物质流动与能量循环。

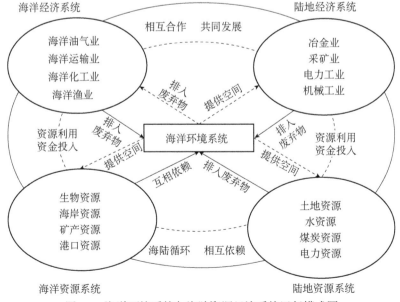

图5.1　海洋环境系统与海陆资源经济系统运行模式图

2. 指标选取

在遵循系统间耦合机理与指标选取原则的基础上，参考彭飞等（2018）的相关研究，从系统层、状态层和指标层三个层面构建耦合评价指标体系，如表5.3所示。

表5.3　海洋环境系统与海陆资源经济系统耦合评价指标体系

系统层	状态层	指标层
海洋经济系统	经济规模	海洋经济占GDP比重/%
		人均海洋经济生产总值/万元
		人均海洋科研经费/元
	经济结构	海洋第三产业比重/%
		海洋第二产业比重/%
	经济增长	海洋经济总产值增加率/%
陆地经济系统	经济规模	陆地经济产值占GDP比重/%
		人均陆地经济产值/万元
		陆地科研经费收入/万元
	经济结构	陆地第三产业比重/%
		陆地第二产业比重/%
	经济增长	陆地经济总产值增加率/%
海洋资源系统	海岸资源	人均海岸线长度/米
	渔、港资源	港口货物吞吐量/万标准箱
		单位海域面积养殖产量/（万吨/毫米）
	矿产资源	人均海洋原油产量/吨
		人均海洋天然气产量/立方米
		人均海盐产量/吨
陆地资源系统	土地资源	人均城市公共绿地面积/公顷
		林业用地面积/万公顷
	水资源	人均水资源量/立方米
	其他资源	煤炭储量/亿吨
		发电量/（亿千瓦·时）

二、数据来源

本章数据来源于历年《中国海洋统计年鉴》、《中国环境统计年鉴》、《中国国土资源统计年鉴》《中国统计年鉴》《中国城市统计年鉴》《中国农村统计年鉴》《中国省市经济发展年鉴》以及各省份的环境质量公报，个别年份的缺失数据基于插值法补齐。

第三节　中国近岸海域生态环境时空演化特征

目前我国海洋管理制度并不完善，海洋的不合理开发导致海洋环境破坏与资源浪费。海洋环境问题越来越成为建设海洋强国战略的瓶颈和发展短板。党的十九大报告将建设海洋强国从生态文明建设移至现代化经济体系，对我国海洋环境保护的重视已经提升到空前的战略高度。与此同时，我们在保持海洋经济增长的基础上也要注意控制污染物的排放，保护生态环境。因此研究海洋生态环境演变特征及影响因素对促进海洋可持续发展、加快建设海洋强国有重要意义。

国内外学者对水环境的相关研究已取得了众多成果，但诸多评价模式存在单一性，且大都采用传统的回归模型来分析影响因素，难以全面反映环境质量。因此本章对以上缺点进行了补充：采用可变模糊识别模型，通过变化模型及其参数将模糊综合评价模型、理想点模型、Sigmoid型函数、模糊优选模型四种数学模型组合起来，对沿海11个省份和四大海域的水环境质量进行评价，提高环境质量评价的科学性和可靠性，提高等级评价的可信度。采用地理探测器模型，既可以检验单变量的空间分异性，也可以通过检验两个变量空间分布的一致性来探测两个变量之间可能存在的因果关系。该模型的最大优势在于没有过多的假设条件，可有效克服传统分析方法处理类别变量时对假设条件和数据要求过多的局限性，如同方差性。现实地理事物大都不能完全满足这些条件假设，以至于数学模型的效果受影响。本章在以往单一地区研究基础上，扩展了研究区域的视角，分别对沿海11个省份和四大海域的水环境质量进行评价研究。不同区域划分的定量分析更能体现出我国海域环境质量的差异性和层次性，更能明确我国海洋环境问题的关键所在，为我国海洋经济的可持续发展提供科学的参考依据。

一、可变模糊识别模型与地理探测器模型

（一）可变模糊识别模型

可变模糊识别模型及其方法体系的核心是相对隶属度函数、相对差异函数和模糊可变集合，是描述实物量变与质变时的数学语言和量化工具，为工程领域的变化模型及模型参数提供新的可能性，以增加评价识别与决策的可信度与可靠性。其模型为

$$V_A(u) = 1 / \left[1 + \left(d_g / d_b \right)^\alpha \right] \tag{5.1}$$

式（5.1）中，$V_A(u)$ 为识别对象 u 对级别 A 的相对隶属度；α 为优化准则参数，$\alpha=1$ 为最小一乘方准则，$\alpha=2$ 为最小二乘方准则；d_g 为距优距离，$d_g = \left\{ \sum_{i=1}^m \left[w_i \left(1 - \mu_A(u)_i \right) \right]^p \right\}^{1/p}$，$d_b$ 为距劣距离，$d_b = \left\{ \sum_{i=1}^m \left[w_i \left(\mu_A(u)_i \right) \right]^p \right\}^{1/p}$，其中 m 为指标个数，w_i 为指标 i 的权重，$\mu_A(u)_i$ 为指标 i 对应的相对隶属度向量，p 为距离参数，$p=1$ 为海明距离，$p=2$ 为欧氏距离。

式（5.1）中 α 与 p 有四种搭配。

（1）当 $\alpha=1$，$p=1$ 时，模型为 $V_A(u) = \sum_{i=1}^m w_i \mu_A(u)_i$，为模糊综合评判模型。

（2）当 $\alpha=1$，$p=2$ 时，模型为 $V_A(u) = d_g / (d_g + d_b)$，为理想点模型。

（3）当 $\alpha=2$，$p=1$ 时，模型为 $V_A(u) = 1 / \left[1 + \left(\left(1 - d_g \right) / d_b \right)^2 \right]$，为 Sigmoid 型函数。

（4）当 $\alpha=2$，$p=2$ 时，模型为 $V_A(u) = 1 / \left[1 + \left(d_g / d_b \right)^2 \right]$，为模糊优选模型。

根据 $V_A(u)$ 的计算结果，采用级别特征值公式，确定 ERE 系统承载力所属等级。公式如下：

$$H_u = \sum_{h=1}^5 [V_A(u) \times h] \tag{5.2}$$

式（5.2）中，H_u 为级别特征值，$h=5$，4，3，2，1。

（二）地理探测器模型

地理探测器模型方法是由王劲锋和徐成东（2017）提出的，最初应用于地方性风险疾病和其他地理相关因素的研究，后来逐渐被应用到其他领域。地理

探测器包括因子探测、风险探测、生态探测和交互探测四部分。

（1）因子探测是探测某因子 X 在多大程度上解释了目标属性 Y 的空间分异特征。用因子解释力 $P_{D,H}$ 进行判断，$P_{D,H}$ 的值域为 $[0，1]$，$P_{D,H}$ 值越大，说明对目标属性 Y 的解释力就越大，Y 的空间分异性就越明显。$P_{D,H}$ 的计算公式为

$$\mathrm{SSW} = \sum_{h=1}^{L} N_h \sigma^2, \mathrm{SST} = N\sigma^2 \qquad (5.3)$$

$$P_{D,H} = 1 - \frac{\mathrm{SSW}}{\mathrm{SST}} \qquad (5.4)$$

其中 $h=1，2，\cdots，L$ 为变量 Y 或者因子 X 分层；N_h 和 N 分别为层和全区单元数；SSW 和 SST 分别为层内方差之和、全区总方差；D 为影响因子；H 为目标海洋环境质量的空间变化值；$P_{D,H}$ 是 D 对 H 的解释力。

（2）风险探测重点揭示哪些类型变量导致海洋环境质量水平显著的高值与低值，通过 t 检验来衡量：

$$t_{ij} = \frac{R_i - R_j}{\sqrt{\sigma_i^2/n_j - \sigma_j^2/n_j}} \qquad (5.5)$$

其中 t_{ij} 为 t 检验值；R_i 和 R_j 分别是属性 i 和 j 的环境质量均值；σ_i^2 和 σ_j^2 分别是属性 i 和 j 的环境质量方差；n_i 和 n_j 为两个属性的样本量。

（3）生态探测主要解释不同因子解释力的相对重要性差异，通过 F 检验来衡量：

$$F = \frac{n_{C,P}\left(n_{C,P}-1\right)\sigma_{C,P}^2}{n_{D,P}\left(n_{D,P}-1\right)\sigma_{D,P}^2} \qquad (5.6)$$

式中 F 为 F 检验值；$n_{C,P}$ 和 $n_{D,P}$ 分别为单元 P 内影响因子 C 和 D 的样本统计量；$\sigma_{C,P}^2$ 和 $\sigma_{D,P}^2$ 分别为影响因子 C 和 D 的方差；统计表达式服从 $F\left(n_{C,P}-1, n_{D,P}-1\right)$ 和 $d\left(n_{C,P}, n_{D,P}\right)$ 分布。模型零假设 $H_0: \sigma_{C,P}^2 = \sigma_{D,P}^2$。如果拒绝模型初始假设，且达到 0.05 显著水平，说明影响因子 C 对海洋环境质量的控制作用大于影响因子 D。

（4）交互探测是用来识别不同影响因子是具有独立作用还是具有交互作用的。首先分别计算影响因子 X_1 和 X_2 对 Y 的 q 值，并计算它们交互时的 q 值、$q(X_1 \cap X_2)$，对 $q(X_1)$、$q(X_2)$ 与 $q(X_1 \cap X_2)$ 进行比较。

二、全国海洋环境质量时间变化

运用可变模糊评价模型计算沿海 11 个省份海洋环境质量特征值，结果如表5.4所示。

表5.4 沿海11个省份海洋环境质量特征值

可变参数	2006年	2007年	2008年	2009年	2010年	2011年	2012年	2013年	2014年	2015年	2016年
$\alpha=1$, $p=1$	2.3511	2.1751	2.1658	2.2999	2.1315	1.7712	2.4398	2.2114	2.2992	2.2581	2.0345
$\alpha=1$, $p=2$	2.2590	1.9953	1.9784	1.9454	1.9566	1.6100	2.2497	2.0822	2.3971	2.0834	1.7761
$\alpha=2$, $p=1$	2.0755	2.0372	2.0375	1.8364	1.9969	1.7373	2.2152	2.0965	2.3674	2.0594	2.2590
$\alpha=2$, $p=2$	2.1417	1.9227	1.8390	1.6275	1.9125	1.5427	2.3410	2.0906	2.3858	2.0405	2.0668
平均值	2.2068	2.0326	2.0052	1.9273	1.9994	1.6653	2.3114	2.1202	2.3624	2.1104	2.0341

由表5.4可知，2006~2016年我国沿海11个省份海洋环境质量水平呈先上升后下降再上升的三阶段发展趋势。第一个阶段2006~2011年我国海洋环境质量水平为上升阶段，海洋环境质量特征均值从2.2068下降到1.6653，年均下降5.48%。2006~2010年是中国海洋"十一五"规划阶段，2006年是规划开始的第一年。在加快发展海洋事业，努力建设海洋强国的大背景下，沿海地区海洋经济以资源消耗型为主，资源投入不均衡，海洋开发方式单一，陆地垃圾入海污染和海洋自身污染现象严重。2006~2010年"十一五"规划时期，各省份逐渐找到各自发展优劣势，加上调整产业结构，重视科技发展。随着一系列海洋生态环境保护政策的实施，海洋环境质量得到明显改善。2011年，由于规划的时滞性和成就延伸性，海洋环境质量特征均值为1.6653，达到高水平阶段。2011~2015年，我国处于"十二五"规划时期，在上一轮规划的基础上加大开发力度，国家调整发展战略，强调综合重点整治海洋环境，尤其加强对直排入海污染源的监管与调整，改善海洋生态环境，提高海洋环境质量。在此期间，海洋环境保护投资占GDP的比重有所提高，海洋环境建设取得明显成效，废水直排入海量由 1.317×10^9 吨减少到 1.038×10^9 吨，工业废水达标排放率由95.09%上升到96.87%。

为进一步探究海洋环境质量的动态演变规律，选取2006年、2011年和2016

年海洋环境质量的核密度分布进行分析。因为海洋环境质量特征值越小越好，如图5.2所示，从位置上看，三年的核密度分布曲线呈现向左移动的趋势，所以这说明我国海洋环境质量在不断改善。2006～2011年左移幅度比2011～2016年左移幅度大，说明海洋环境质量发展不均衡。由于两次规划前期发展空间大，效果显著，所以2006～2011年海洋环境质量提升速度更快。从峰值上看，峰值大体上不断左移，且随着时间的推移，右端至中间部分在不断扩大，中间到左端拖尾部分在不断缩小，说明各省份海洋环境质量在快速发展。从形态上看，2016年比2006年峰度更宽，2011年呈尖峰形且峰顶密度高；2006年和2011年出现双峰形态，内部两极分化明显，说明海洋环境质量是分散的，由个别省份海洋环境质量不均衡、不稳定导致，2011～2016年向单峰转变，说明海洋环境质量的分散趋势不断弱化并走向收敛，向更好的方向发展。

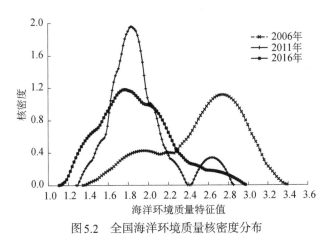

图5.2　全国海洋环境质量核密度分布

三、全国海洋环境质量空间分布

（一）沿海11个省份海洋环境空间分布

由图5.3可知，沿海11个省份海洋环境质量差异明显，整体上分三个水平。为了解不同水平区海洋环境质量的空间变化，本章分别研究了各水平区内部海洋环境质量的空间动态分布，分析结果见表5.5。不同水平区2006～2016年的海洋环境重心轨迹都呈西北—东南走向，呈V状，分为2006～2011年和2011～2016年两个阶段。其中，海南、天津、上海属于海洋环境质量高水平地区，其标准差椭圆呈西北—东南走向，椭圆面积出现缩小趋势，内部地区差异变大。其主要原因是，天津、上海作为最早的一批沿海开放城市，经济发展水平、科技水平和利用率高，入海污染物得到有效控制，固体废弃物和废水处理率都达90%以上，环境保护投资占比较大。相对而言，海南是旅游大省，第三产业比重高，生态环境保护投资力度大，用3～5年时间，营造沿海基干林带面积15.33万亩[①]，重建了"海岛绿色长城"。

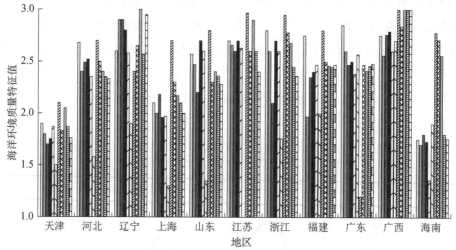

图5.3　沿海11个省份海洋环境质量图

表5.5　各水平区内部海洋环境质量的标准差椭圆

项目	年份	高水平地区	中等水平地区	低水平地区
长轴长/米	2006	392 642.34	295 088.38	1 165 674.47
	2011	411 107.76	279 941.75	1 150 394.15
	2016	394 001.46	288 527.17	1 158 894.33
短轴长/米	2006	1 358 640.02	1 022 223.38	231 987.67
	2011	1 289 856.76	1 117 394.72	228 824.65
	2016	1 355 693.13	1 154 512.41	235 496.69
面积/平方米	2006	$1.675\,5 \times 10^{12}$	$1.040\,1 \times 10^{12}$	$8.491\,4 \times 10^{11}$
	2011	$1.665\,6 \times 10^{12}$	$1.024\,0 \times 10^{12}$	$8.263\,6 \times 10^{11}$
	2016	$1.647\,7 \times 10^{12}$	$1.046\,2 \times 10^{12}$	$8.569\,8 \times 10^{11}$
角度/°	2006	27.61	21.47	177.64
	2011	27.44	21.11	176.81
	2016	27.83	22.02	177.35

---

① 1亩≈666.67平方米。

河北、山东、福建、广东的海洋环境质量属于中等水平，标准椭圆（表5.5）呈东北—西南走向，椭圆面积无明显变化，内部地区差异小。其主要原因是：依托北部海洋经济圈，河北在京津冀一体化过程中，科研投入和利用率不断提高，但是由于产业结构不合理，第二产业占比超过50%，经济活动对海洋环境造成了一定的污染；山东凭借自身强大的科研实力，以及打造"山东半岛蓝色经济区"的国家策略，海洋环境质量明显改善；福建、广东氨氮排放总量大，2006～2016年氨氮排放总量增长速度平均为80%。但近年来这些地方重点关注近岸海域污染防治工作，严格控制陆源污染，强化直接排海工业点源的控制和管理，工业废水废弃物排放达标率平均达到82%，确保近岸海域达到环境功能区划标准。

辽宁、江苏、浙江、广西等海洋环境质量水平较低，标准椭圆（表5.5）呈西北—东南走向，椭圆面积先减小后增大，重心散落明显，地区内部海洋环境发展不均衡。江苏、浙江人均污染严重，氨氮排放总量大，海洋环境污染最为严重。辽宁、广西等地区环境保护投资较低，多年平均值仅有1%左右，海洋污染得不到有效治理，海洋环境承载力低，海洋环境质量得不到有效改善。

（二）四大海域环境质量分布

本章选取废水量、化学需氧量、石油类、氨氮量、总磷量五项指标对四大海域环境质量进行评价，力求全面分析2006～2016年我国海洋环境质量状况。

根据我国省级行政图和各海域划分标准，沿海各省份中，辽宁省、河北省、山东省和天津市邻近渤海海域，山东省、江苏省邻近黄海海域，江苏省、上海市、浙江省、福建省邻近东海海域，广东省、广西壮族自治区邻近南海海域。2006～2016年，我国近岸海域海水水质污染状况得到了有效改善，但三类、四类、劣四类海水水质下降比例并不大，所以我国近岸海域海水环境质量还需要加强管理。由图5.4可知，2006～2008年环境质量水平整体上升，其中化学需氧量平均下降57%，石油类污染平均减少36%，总磷量平均减少34%。主要原因是在2006～2008年全国海洋"十一五"规划正在进行，且推动实施了"中国保护海洋环境免受陆源污染国家行动计划"。2009～2012年中国近岸海域环境质量水平在波动中上升。2012～2016年海洋环境有所恶化，主要原因是海上重大船舶污染事故、渔业水域污染事件多发，石油排放量快速增长，导致近岸海域环境遭到破坏。

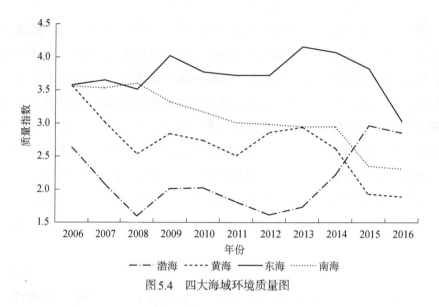

图5.4　四大海域环境质量图

　　空间上来看，黄海、南海环境质量一般。渤海邻近地区人口总量相比其他海域少，人类生产活动规模相对较小，人均污染物排放少。东海环境污染指标如图5.5所示。由图5.5可知，主要超标因子是氨氮量和总磷量，人均污染量大，人类经济活动对海域影响范围大，部分海域受到石油类污染较大，但是海水中氮和磷含量过高是导致近岸海域环境质量差的主要原因，所以渤海海域环境质量较良好，东海海域环境质量最差。

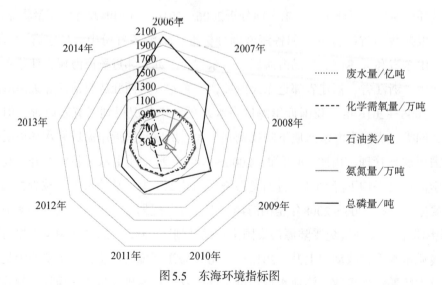

图5.5　东海环境指标图

四、海洋环境质量的影响因素分析

（一）变量选择

本书立足于地理学的机理-响应研究范式，基于海洋环境驱动机制原理来寻找影响海洋环境质量的相关影响因子，并通过地理探测器模型来识别最重要的影响因子。如图 5.6 所示，陆地系统、海洋系统和污染治理系统共同作用于海洋环境系统，而陆地系统和海洋系统又通过大气循环和水循环相互作用。

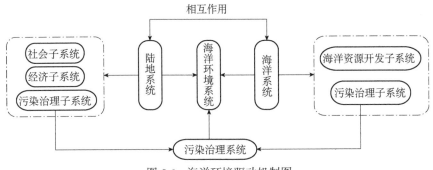

图 5.6　海洋环境驱动机制图

在陆地系统的社会子系统中，主要通过人口因素影响海洋环境。随着社会经济的发展，地区人口数量决定了城市化水平和城市生活污水排放量，这些排放物通过河流等进入海洋，污染海洋环境。经济子系统对海洋环境的影响主要通过工业和农业来体现。第二产业比重直接决定工业废水排放量和固体废弃物排放量。通过农业非点源污染进入海洋环境的氮磷使海水的水质恶化。海洋自生污染主要来源于海洋资源开发，如海产养殖面积、海产养殖量、海上矿产资源开发、海岸线开发等。

（二）海洋环境质量影响因素分析

将 2006～2016 年科技水平（$x1$）、环境规制（$x2$）、经济效率（$x3$）、经济规模（$x4$）、工业污染（$x5$）、废水污染（$x6$）、农业污染（$x7$）、单位面积海产养殖量（$x8$）、城市化率（$x9$）九个影响因子和海洋环境质量的相关数据导入地理探测器模型中，得到的结果如表 5.6 所示。

表5.6 2006～2016年各影响因素作用强度（q值）的变化趋势

年份	科技水平	环境规制	经济效率	经济规模	工业污染	废水污染	农业污染	单位面积海产养殖量	城市化率
2006	0.46	0.66	0.32	0.59	0.74	0.59	0.87	0.59	0.66
2009	0.43	0.66	0.31	0.44	0.73	0.53	0.83	0.44	0.63
2012	0.60	0.85	0.27	0.43	0.82	0.78	0.77	0.39	0.68
2016	0.66	0.83	0.26	0.37	0.89	0.84	0.67	0.36	0.69
平均影响值	0.54	0.75	0.29	0.46	0.79	0.68	0.78	0.44	0.67

因子探测结果中q值（q值越大说明该因子对海洋环境质量影响越大，q值越小说明该因子对海洋环境质量影响越小）表示各影响因素对海洋环境质量的影响程度大小。

本书选取2006年、2009年、2012年和2016年的q值，代表全国平均水平上2006～2016年影响因素对海洋环境质量影响力值的变化趋势，如表5.6所示。由表5.6可知，不同时期影响海洋环境质量的指标因素作用明显，且造成海洋环境质量空间差异的主要因素发生了明显变化。从q值大小来看，经济效率、经济规模和单位面积海产养殖量的平均影响值小于0.5，影响不显著，其余的每个因子的平均影响值都大于0.5。经济效率与经济规模通过影响海洋经济总产值增加率来间接影响海洋科技水平、污染治理投资和污染物达标排放处理能力等方面，所以对海洋环境质量的影响不是很明显。总体来看，随着时间的推移，经济效率、经济规模、农业污染和单位面积海产养殖量的影响强度在逐渐减弱，科技水平、环境规制、工业污染、废水污染、城市化率的影响强度略有变化但不显著。科技水平对海洋环境质量的影响存在一定的时间滞后性，且由于科技成果存在周期性，对海洋环境质量呈现出缓慢但是持续带动的增长效应。总体上科技水平的影响力还是很大的，通过强化海洋科技创新推动核心产业科技化、普遍化是提高海洋环境质量的关键。环境规制具有约束限制海洋污染物的重要作用。2006～2010年，相关产业被严格限制污染物排放量及污水排放达标率。2010年，废水直接入海量为1.04×10^5吨，比2006年平均减少5.3%，取得明显成效。2012～2016年，各个系统协调可持续发展。其中，工业污染（q值为0.89）在2016年上升为最主要的影响因素。城市化率的影响作用比较稳定。全年大于0.5的平均影响值按从大到小依次是工业污染、农业污染、环境规制、废水污染、城市化率、科技水平，原因可能是2006～2016年，政府加强对海洋的综合管理，对相关领域作出不同程度的调整。2008年，各影响因素受到全球金融危机的影响，导致2009年各因子影响力值都有下降趋势。其中"一二三"产业结构在2006年初期矛盾突出，占比为1:3:2，传统的资源消耗性产业占主导地位。农业生产方式粗放，同时受人力、物力的限制，工农业初期生产层次偏低、资源浪费和污染排放多，对海洋环境造成很大污染，所以工农业对海洋环境污染严重。历经"十一五"和"十二五"规划后，海洋产业结构出现积极的变化，由以资源消耗为主向以海洋服务为主转变，农业机械化水平显著提高，单位每公顷农用化肥量平均减少0.3%，污染明显减少。随着经济的发展，城市化率提高，城市化污染排放物受同时期经济科技的影响，对海洋环境质量的影响比较明显且稳定。

生态探测着重说明不同影响因子的解释力大小是否具有显著性差异。由表5.7可知，科技水平与环境规制、废水污染、农业污染、城市化率对海洋环境质量的影响无显著差异；科技水平与经济效率、经济规模、工业污染和单位面积海产养殖量对海洋环境质量的影响有显著差异。废水污染、农业污染、城市化率均具有与科技水平类似的特征。经济效率与经济规模、工业污染和单位面积海产养殖量对海洋环境质量的影响有明显差异。从聚类角度看，可将科技水平、环境规制、废水污染、农业污染、城市化率划分为对海洋环境质量影响显著的一类，而将剩下的划分为对海洋环境质量影响不显著的一类。结合因子探测结果，环境规制、废水污染、农业污染、城市化率对海洋环境质量影响较大，其余影响因子的影响相对较小。

表5.7　不同影响因子对海洋环境质量的显著差异性统计

影响因子	科技水平	环境规制	经济效率	经济规模	工业污染	废水污染	农业污染	单位面积海产养殖量	城市化率
科技水平									
环境规制	N								
经济效率	Y	N							
经济规模	Y	N	Y						
工业污染	Y	N	Y	Y					
废水污染	N	Y	N	N	N				
农业污染	N	Y	N	N	N	Y			

续表

影响因子	科技水平	环境规制	经济效率	经济规模	工业污染	废水污染	农业污染	单位面积海产养殖量	城市化率
单位面积海产养殖量	Y	N	Y	Y	Y	N			N
城市化率	N	N	N	N	N	N	Y	N	

注：表中N表示影响因子对海洋环境质量的影响无显著差异，Y与N含义相反。

风险探测用于识别各影响因子内部不同类别区间的显著性差异。研究发现，环境质量和影响因子得分呈现出一致性，除经济效率、经济规模和单位面积海产养殖量的影响差异不显著外，其他各影响因子都显著，并都通过了0.05水平显著性检验。如其中科技水平对海洋环境质量从无明显影响（2006年q值为0.46）逐渐到有显著的影响（2006年q值为0.66），说明适合科技水平发展的条件也在一定程度上有利于海洋环境的发展，海洋环境和科技水平得分具有一致对应性，存在"木桶效应"。任意影响因素得分低都可能对海洋环境质量的评价产生制约作用，其他类似影响因子也可以做相同的分析。

交互探测用来检验两种影响因子是自身独立起作用还是相互起作用，并检验作用是增强还是减弱。由表5.8可知，环境规制和经济效率对海洋环境质量的交互q值0.82小于环境规制（q值为0.75）和经济效率（q值为0.29）之和，说明环境规制和经济效率对海洋环境质量呈非线性增强。类似特征的有经济规模和经济效率。除此之外，任意两个因子对海洋环境质量呈双线性增强，如科技水平和环境规制对海洋环境质量的交互q值0.88大于科技水平和环境规制中较大的环境规制的q值0.75。总体来讲，各因子的交互作用强度都大于单因子对海洋环境质量的影响力度，也说明海洋环境质量受到各影响因素的共同制约。

表5.8　两种影响因子对海洋环境质量影响的交互作用强度

影响因子	科技水平	环境规制	经济效率	经济规模	工业污染	废水污染	农业污染	单位面积海产养殖量	城市化率
科技水平	0.54								
环境规制	0.88	0.75							
经济效率	0.90	0.82	0.29						
经济规模	0.90	0.89	0.76	0.46					
工业污染	0.92	0.91	0.87	0.86	0.79				
废水污染	0.93	0.92	0.99	0.88	0.82	0.68			

续表

影响因子	科技水平	环境规制	经济效率	经济规模	工业污染	废水污染	农业污染	单位面积海产养殖量	城市化率
农业污染	0.94	0.90	1.00	0.99	0.88	0.88	0.78		
单位面积海产养殖量	1.00	0.95	1.00	1.00	0.92	0.90	0.90	0.44	
城市化率	1.00	1.00	1.00	1.00	1.00	1.00	0.90	0.78	0.67

第四节　中国近岸海洋环境系统与海陆资源经济系统耦合关系

国内外关于海洋环境同海洋资源、经济协调可持续发展的研究已颇有成效。目前，国外学者注重通过建立模型对从区域到全球的海洋环境经济可持续发展的作用机理、运行过程、发展模式、系统管理等进行综合分析。研究方法涉及化学方法和生物方法、单维度单项指标和多种指标综合评价法，如 ArcGIS 技术、模糊评价法、灰色关联分析、熵值法等；研究内容上，国外学者注重研究海洋环境经济可持续发展的运行机理和理论进展。国内学者多注重海岸经济带海洋环境、资源经济的协调度测评以及循环作用和可持续发展模式的研究。

纵观已有文献，国内外关于海洋可持续发展的研究大都集中在海洋科技、海洋产业、海洋经济和海洋环境，极少将海洋环境系统和海陆资源经济系统相结合。对此，本书根据海洋环境和与其相互作用的系统间的相关关系找到其运行方式，计算出海洋环境系统分别与海陆资源经济系统的关联度和耦合协调度，分析系统间相关关系的次序、强弱及大小，考察海陆资源经济系统与海洋环境系统间的协同关系。

一、灰色关联分析与耦合协调度模型

（一）灰色关联分析

灰色关联分析是在信息不完全和不确定的情况下，以样本数据为基准，描述因素间关系的强弱、大小和次序的一种多因素统计分析法。本章采用灰色关

联分析来研究海洋环境系统与海陆资源经济系统的关系。选取海洋环境质量评价指标体系（表5.1）为母系统，记为 $\{y_0(k)\}$，选取海洋经济系统、陆地经济系统、海洋资源系统和陆地资源系统四个指标（表5.3）为子系统，记为 $\{y_i(k)\}$，构建灰色关联模型 $\varepsilon_i(k)$，并求关联度 $r_i(k)$：

$$\varepsilon_i(k) = \frac{\min\limits_i \min\limits_k |y_0(k)-y_i(k)| + \rho \max\limits_i \max\limits_k |y_0(k)-y_i(k)|}{|y_0(k)-y_i(k)| + \rho \max\limits_i \max\limits_k |y_0(k)-y_i(k)|} \tag{5.7}$$

$$r_i(k) = \frac{1}{n}\sum_{i=1}^{n}\varepsilon_i \tag{5.8}$$

式中，$\varepsilon_i(k)$ 为 k 时刻母系统对子系统的灰色关联度；ρ 为分辨系数，取值为 [0，1]，本研究取 0.5。当 $0<r_i(k)\leqslant0.35$ 时，关联度较弱；当 $0.35<r_i(k)\leqslant0.65$ 时，关联度适中；当 $0.65<r_i(k)\leqslant0.85$ 时，关联度较强；当 $0.85<r_i(k)\leqslant1.00$ 时，关联度极强。

（二）耦合度模型

耦合度模型常用于描述、说明两个及以上的系统或运动形式之间相互作用影响的协同关系，其计算公式为

$$C(k) = \frac{1}{H\times J}\sum_{i=1}^{H}\sum_{j=1}^{J}\varepsilon_i(k) \tag{5.9}$$

式中，$C(k)$ 为第 k 个时间或空间点的耦合度；H 为海洋环境系统指数；J 为海洋经济系统指标（X 为陆地经济系统指标、Z 为海洋资源系统指标、L 为陆地资源系统指标）。

为在模型中反映海陆资源经济系统和海洋环境系统的发展情况，耦合协调度公式表示为

$$D = \sqrt{C\times T} \tag{5.10}$$

式中，T 为海陆资源经济系统同海洋环境系统综合评价指数，$T = \alpha\times H + \beta\times J$，其中 α、β 为待定系数，由于两个系统不同但是重要性相同，故借鉴以往研究成果，取 $\alpha=\beta=0.5$。本书采用最早由廖重斌提出且广泛应用的耦合度协调"十分法"评价等级的划分标准，0.5一般为协同与否的界限，数值越小，耦合协调度水平越低：（0.0，0.1]为极度失调，（0.1，0.2]为严重失调，（0.2，0.3]为中度失调，（0.3，0.4]为轻度失调，（0.4，0.5]为濒临失调，（0.5，0.6]为基本协调，（0.6，0.7]为初级协调，（0.7，0.8]为中级协调，（0.8，0.9]为良好协调，0.9以

上为优质协调。C为耦合度，（0.0，0.3]为低水平耦合，（0.3，0.5]为拮抗耦合，（0.5，0.8]为磨合阶段，（0.8，1]为高水平耦合。

二、海洋环境系统与海陆资源经济系统间关联度分析

以我国沿海11个省份为研究对象，以2006～2016年海洋环境与海陆资源经济系统的各项指标为研究数据，运用灰色关联模型，得到我国近岸海洋环境系统与海陆资源经济系统的关联度矩阵（表5.9）。

海陆经济子系统各具体指标与海洋环境系统的关联度平均值为[0.67，0.86]。其中陆地经济产值占GDP比重与海洋环境系统关联度最高，关联度平均值为0.8575。随着社会经济的发展和城市化水平的提高，城市生活污水排放量增加，这些排放物通过河流等进入海洋，污染海洋环境。城市产业结构的变化和工业废水、固体废弃物的直排入海量直接造成海水污染，农业非点源污染进入海洋环境的氮磷造成海水水质的恶化，所以陆地经济的发展是影响海洋环境的重要因素。海洋经济占GDP比重与海洋环境系统的关联度平均值次高，为0.8436。海洋经济与海洋环境相互依存，相互协调，良好的海洋环境为海洋经济的可持续发展提供更加优质的资源、能源和空间，是经济发展的必要条件；海洋经济提高又为海洋环境的治理提供充足的资金与技术支持。其他海陆经济子系统的具体指标与海洋环境系统的关联度平均值从高到低依次为：海洋第二产业比重、陆地第二产业比重、人均海洋科研经费、陆地经济总产值增加率、海洋经济总产值增加率、陆地科研经费收入、人均陆地经济产值、陆地第三产业比重和海洋第三产业比重。

海陆资源子系统各具体指标与海洋环境系统的关联度平均值分布在[0.61，0.79]。其中，人均海洋天然气产量与海洋环境系统的关联度值最高，人均海洋原油产量和海洋环境系统的关联度次强。这主要是因为海洋原油开采量规模扩大、原油泄漏事故频发及海上机械开采对海洋环境造成严重污染且后续污染治理难度大。海洋油气业对海洋经济的拉动作用越来越明显。单位海域面积养殖产量和海洋环境系统的关联度也较强。海水透明度和pH值在海产养殖过程中会受各种沉淀物和有机碎屑的影响；残饵及粪便等排泄物会造成水体富营养化；海域面积养殖规模的扩大会造成海区生物多样性向单一性转化以及产生海洋生物"内循环"变异。当生态变异过大时，将导致物质循环的平衡失控，对海

表 5.9 近岸海域环境系统与海陆资源经济系统关联度矩阵

项目			污染排放			污染治理			污染面积	环保投资	平均值	
		工业废水入海量/万吨	化学需氧量总排放量/万吨	氨氮总排放量/万吨	工业废水达标排放率/%	工业废水处理能力/（百万吨/台）	固体废弃物综合利用率/%	海洋污染面积/平方千米	环保投资占GDP的比重/%		
海洋经济系统	经济规模	海洋经济占GDP比重/%	0.8053	0.9544	0.8884	0.7983	0.7524	0.9730	0.6935	0.8834	0.8436	0.8056
		人均海洋经济生产总值/万元	0.7994	0.6661	0.7882	0.8114	0.8126	0.7066	0.6732	0.7000	0.7447	
	经济结构	人均海洋科研经费/万元	0.8065	0.9299	0.8615	0.7746	0.7379	0.9187	0.6834	0.9166	0.8286	0.7586
		海洋第三产业比重/%	0.8022	0.6214	0.6768	0.6700	0.6832	0.6370	0.7295	0.6190	0.6799	
		海洋第二产业比重/%	0.8041	0.8828	0.9275	0.8180	0.7761	0.9393	0.7013	0.8491	0.8373	
	经济增长	海洋经济总产值增加率/%	0.8055	0.7340	0.8489	0.8784	0.8600	0.7720	0.6669	0.7802	0.7932	0.7932
陆地经济系统	经济规模	陆地经济总产值占GDP比重/%	0.8047	0.9388	0.8970	0.8053	0.7587	0.9797	0.7869	0.8890	0.8575	0.7937
		人均陆地经济产值/万元	0.7973	0.6755	0.8089	0.8337	0.8307	0.7173	0.6862	0.7337	0.7605	
		陆地科研经费收入/万元	0.7744	0.7889	0.7898	0.8244	0.7500	0.7226	0.7206	0.7343	0.7631	
	经济结构	陆地第三产业比重/%	0.7653	0.7326	0.8468	0.7467	0.8524	0.7723	0.6541	0.6848	0.7569	0.7932
		陆地第二产业比重/%	0.8826	0.8870	0.8111	0.8982	0.8092	0.8310	0.7883	0.7290	0.8296	
	经济增长	陆地经济总产值增加率/%	0.8159	0.8455	0.8293	0.8143	0.8159	0.8336	0.7470	0.7588	0.8078	0.8078
海洋资源系统	海岸资源	人均海岸线长度/米	0.8145	0.7478	0.7211	0.6734	0.6709	0.7408	0.6891	0.7829	0.7301	0.7301
	渔、港资源	港口货物吞吐量/万标准箱	0.8071	0.7119	0.8458	0.8468	0.8270	0.7556	0.6959	0.7520	0.7803	0.7645
		单位海域面积养殖产量（万吨/毫米）	0.8019	0.7116	0.8013	0.7517	0.7136	0.8237	0.6672	0.7188	0.7487	

续表

项目			污染排放			污染治理			污染面积	环保投资	平均值	
			工业废水入海量/万吨	化学需氧量总排放量/万吨	氨氮总排放量/万吨	工业废水达标排放率/%	工业废水处理能力/(百万吨/台)	固体废弃物综合利用率/%	海洋污染面积/平方千米	环保投资占GDP的比重/%		
海洋资源系统	矿产资源	人均海洋原油产量/吨	0.8084	0.8714	0.8249	0.7392	0.7005	0.8593	0.6808	0.7594	0.7805	0.7795
		人均海洋天然气产量/立方米	0.8018	0.7995	0.9285	0.7943	0.7646	0.7435	0.7060	0.7360	0.7843	
		人均海盐产量/吨	0.8096	0.8419	0.7874	0.7194	0.6956	0.8116	0.6805	0.8440	0.7738	
陆地资源系统	土地资源	人均城市公共绿地面积/公顷	0.7040	0.8101	0.9018	0.7843	0.7426	0.7621	0.6868	0.6529	0.7556	0.7473
		林业用地面积/万公顷	0.6091	0.7450	0.7785	0.7008	0.7819	0.8700	0.6379	0.7896	0.7391	
	水资源	人均水资源储量/立方米	0.7033	0.9064	0.9262	0.6324	0.5816	0.6489	0.6847	0.6951	0.7223	0.7223
	其他资源	煤炭储量/亿吨	0.6108	0.6468	0.5622	0.6935	0.6747	0.6120	0.6120	0.5189	0.6164	0.6193
		发电量/(亿千瓦·时)	0.6036	0.6466	0.5978	0.6826	0.6515	0.5944	0.6072	0.5946	0.6223	
平均值			0.7713	0.7868	0.8109	0.7692	0.7497	0.7837	0.6904	0.7444	—	
				0.7896			0.7675		0.6904	0.7444		

洋资源的可持续发展造成威胁。反过来，良好的海洋环境会为海水养殖提供更加有利的资源及空间。其他海陆资源子系统具体指标与海洋环境系统的关联度平均值从高到低依次为：港口货物吞吐量、人均海盐产量、人均城市公共绿地面积、单位海域面积养殖产量、林业用地面积、人均海岸线长度、人均水资源量、海洋第三产业比重、发电量和煤炭储量。

在系统状态层面，海洋经济系统各状态对海洋环境系统的影响程度从高到低依次是：经济规模（0.8056）、经济结构（0.7564）和经济增长（0.7932）。陆地经济系统各状态对海洋环境系统的影响程度从高到低依次是：经济增长（0.8078）、经济规模（0.7937）和经济结构（0.7932）。经济规模和经济增长是系统间相互影响的纽带和关键因素。随着海洋业的兴起和不断发展，政府越来越重视通过促进海洋经济和陆地经济的共同发展来提高我国国民经济的增长。我国在"十二五"时期正式提出"海陆统筹"的战略性要求。经济系统本身有一定规模的生产和治理能力，但在创造经济的过程中，海洋环境对经济的依赖性增强，独立性下降，为经济系统和生态环境系统的协调发展提供了必要性。在经济系统具备一定的规模且经济增长速度加快的同时，要不断优化产业结构，最大限度地保证产业结构的合理化，以减少对海洋环境的污染，最终实现经济可持续。

海洋资源系统各状态对海洋环境系统的关联度都属于中等水平，平均值从高到低依次是：矿产资源（0.7795），渔、港资源（0.7645）和海岸资源（0.7301）。合理开采海洋矿产和生物资源、减少资源的浪费以及废弃物的排放、保持海洋生态平衡、防止海岸线后退，成为提供源源不断的海洋资源的良好保障。陆地资源系统各状态对海洋环境系统的影响从高到低依次为：土地资源（0.7473）、水资源（0.7223）和其他资源（0.6193）。在陆地经济的发展过程中，人口数量的增加导致陆地资源的过度消耗，尤其是土地资源被不断破坏。人们开始将注意力转向海洋，通过填海造地等措施增加陆地面积，破坏了海洋环境。海水的污染、海水倒灌反过来又危及陆地资源的开发。随后人们通过增加公共资源对陆地资源进行修复，绿化面积及可利用土地面积的绿化程度越来越高，海陆内循环不断改善，最终实现海陆系统的良性共振耦合。

三、海洋环境系统与海陆资源经济系统耦合时序演进分析

耦合度用来衡量海洋环境系统与海陆资源经济系统间相互作用强度的大小。耦合度越低，说明系统间适用性越强，一个子系统在短期内的变化不会引起另一子系统大幅度的变化，说明系统之间协调性高，最终结果由系统间运行状态来确定；耦合度越高，说明系统间适用性越差，相互作用越强烈，矛盾越突出，一个子系统的变动会通过非线性相互作用，引起另一子系统的大幅度变化，同时通过负反馈机制，将产生的正熵流输送到原子系统，从而导致海洋环境系统和海陆资源经济系统的不稳定。

为了从时间维度观察海洋环境系统与海陆资源经济系统耦合发展的特征，利用耦合度模型，得到我国沿海地区2006～2016年系统间耦合协调度变化，如图5.7和图5.8所示。

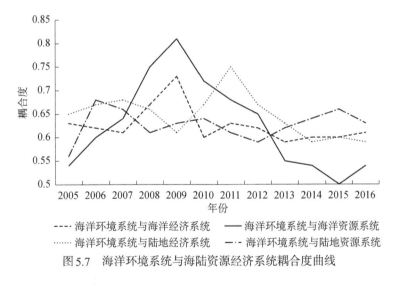

图5.7　海洋环境系统与海陆资源经济系统耦合度曲线

（一）海洋环境系统与海洋经济系统耦合规律

从总体上看，海洋环境系统与海洋经济系统间的耦合度在[0.576，0.724]呈明显波动态势，在2009年耦合度达到最大值。2005～2016年，其上升幅度小于下降幅度，上升总和小于下降总和，且上升年份数小于下降年份数。因此，我国沿海地区海洋环境系统和海洋经济系统间的耦合度是波动下降的，系统间的相互作用是减弱的，适应性在增强。海洋生产总值从2006年的21 592亿元增长到2016年的70 507亿元，年均增长12.56%。海洋经济发展迅速，但海洋污染面

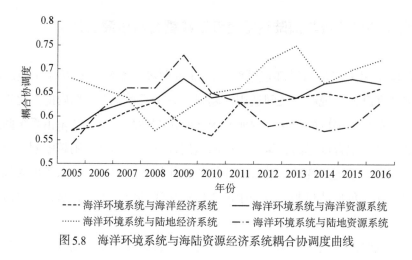

图5.8　海洋环境系统与海陆资源经济系统耦合协调度曲线

积在增加，海洋环境并没有得到有效改善。海水养殖业、滨海旅游业、海上制造业等产业排放的污染物严重破坏海洋环境，导致赤潮、海洋风暴潮等灾害不断增加。

由图5.8可知，2006～2008年海洋环境系统与海洋经济系统耦合协调度呈上升趋势，系统间从基本协调阶段过渡到初级协调阶段。我国沿海地区由海洋经济滞后型发展为海洋环境主导型，进入海洋环境与经济磨合发展阶段。2008～2010年为第二阶段，2008年受全球金融危机的影响，经济发展缓慢，主要依靠外汇和旅游等拉动，环境污染治理投资低，海洋环境系统与海洋经济系统协调性降低，系统间矛盾增加。2010～2016年耦合协调度总体上升。进入"十二五"时期后，强调综合重点整治海洋环境，调整产业结构，尤其加强直排入海污染源的监管与调整，改善了海洋生态环境，提高了海洋环境质量。在此期间，海洋环境保护投资占GDP的比重有所提高，海洋环境建设取得明显成效。废水直排入海量由1.317×10^9吨减少到1.038×10^9吨，工业废水达标排放率由95.09%上升到96.87%。

（二）海洋环境系统与海洋资源系统耦合规律

海洋环境系统与海洋资源系统的耦合度在[0.508，0.806]变化显著，上升和下降幅度明显。但上升年份数小于下降年份数，上升总和小于下降总和，说明两系统间相互作用减弱，适应性增强，矛盾缩小。

由图5.8可知，研究期内，海洋环境系统与海洋资源系统的耦合协调度呈波动上升态势。2005～2009年海洋环境系统与海洋资源系统从基本协调阶段过渡到初级协调阶段。我国沿海地区从海洋资源滞后型发展到海洋环境资源同步发展型。2000年以来，伴随着海洋经济规模的扩大，更多经济、技术的投入，以及2009年以后大规模的产业结构调整，污水处理利用率提高，海洋资源的利用率也在不断提高，系统间达到一定规律的协调。2008年在应对全球经济危机的过程中，国际贸易自由化发展，一些发达国家将环境污染产业转移到中国，导致我国环境污染问题异常突出，系统间耦合协调度呈现相应的下降趋势。

（三）海洋环境系统与陆地经济系统耦合规律

海洋环境系统与陆地经济系统的耦合曲线表明，系统耦合度在[0.594，0.758]呈先上升后下降的趋势。2016年耦合度低于2006年耦合度，总体来说，这期间耦合度是波动下降的，说明系统间相互作用减弱，适应性增强，矛盾变小，协调性增加。研究期内，陆地经济总产值占比的年均增长率为32.08%，陆地经济快速发展的同时，我国对海洋环境的治理投资也在不断加大。2005～2008年，系统间耦合协调度在缓慢下降。2000年后，随着经济规模的扩大，产业结构中重工业化比重快速上升，导致工业固体废弃物排放量快速增加，系统间矛盾突出。2008年以后，我国对外贸易快速发展，加上"十二五"规划重点调整产业结构，高度重视科技的发展，陆地经济发展产生的入海污染物数量减少，耦合关系越来越协调。

（四）海洋环境系统与陆地资源系统耦合规律

由图5.7可知，海洋环境系统与陆地资源系统的耦合度曲线在[0.559，0.674]呈总体上升的趋势。2016年耦合度高于2006年耦合度，下降年份数小于上升年份数且下降幅度小于上升的幅度。因此，我国沿海地区海洋环境系统与陆地资源系统的耦合度在研究期内是波动上升的，系统间相互作强烈，矛盾变大，适应性较弱，系统不稳定。发电量从2006年14 162.32亿千瓦·时增加到2016年26 975.82亿千瓦·时，年均增长6.66%。截至2016年，我国填海造陆面积达到3200平方千米，海岸线被破坏，导致海洋生物减少、赤潮多发等问题，海洋生态环境遭到严重破坏。

2005～2009年和2012～2016年，海洋环境和陆地资源系统耦合协调度是总体上升的。第一个增长阶段，系统间协调度从基本协调上升为中极协调，我国沿海地区从环境滞后型发展到环境与资源经济同步发展型。第二个增长阶段，由于2012年后进入"十二五"攻坚阶段，为促进经济的快速增长，企业规模扩大，工业废水排放量日益增加，不断上升的污水处理成本使企业偷排乱放污染物的现象更为严重。但是与此同时也加大了对污水处理技术和固体废弃物利用技术等的研发投资，因此系统间协调性增长缓慢。2009~2012年为协调性下降阶段。由于"十一五"规划后期，追求经济的快速发展，对资源环境的消耗加重，粗放的生产方式依旧没有得到改善，海洋环境系统与陆地资源系统积累的矛盾爆发，协调性曲线快速下降。

第五节　辽宁省近岸海域环境与海陆资源经济调控

改革开放以来，我国沿海地区已形成了以重点海域为依托的沿海经济带。海洋经济快速增长，其经济总量是我国国民经济总量的重要组成部分，是拉动国民经济的增长极。当前，我国海洋经济正处于向高质量发展的战略转型期。党的十九大明确提出要加快建设海洋强国，国家对海洋的重视已提升到空前的战略高度。中国共产党第十八次全国代表大会报告作出"建设海洋强国"的重大战略部署。2015年，《中华人民共和国国民经济和社会发展第十三个五年规划纲要》要求紧抓"一带一路"建设，推进陆海统筹。随着我国海洋经济的飞速发展，对海洋资源粗放式开发利用引发了一系列海洋问题，因此对近岸海域环境可持续发展的调控研究迫在眉睫。

辽宁省海岸带位于东北经济区的前沿，是东北亚经济圈中发达的东部与滞后的西北部合作的最优区位。目前海洋经济与生态环境的协调发展与良性循环是辽宁沿海经济带各市面临的共同问题。海洋环境资源作为地球上动植物与人类主要的物质来源和生态的重要组成部分，对区域经济的发展影响较大。伴随着辽宁海岸带城市化与工业化进程的加快，该地区城市人口和用地规模不断扩大，区域发展面临着严重的资源短缺问题，特别是水土资源短缺。海洋环境承载力研究作为一个国家或地区可持续发展过程中水土资源安全战略研究的基础，对正确认识和处理人口、海洋资源、经济、海洋环境的关系，缓解海洋环境供需矛盾，实现社会经济的可持续发展具有深远的意义。为此，本节对前述中国近岸海域环境质量较差的辽宁省的近岸海域环境可持续发展进行了调控研究。

一、系统动力学原理

系统动力学是一门分析研究信息反馈系统并解决系统问题的综合性、交叉性的学科，也是以动力学原理为基础，用于体现系统整体、辩证特征和模拟未来趋势并对未来一段时间的发展进行预测的学科。通常借助计算机仿真、定性与定量结合、系统综合推理等研究方法处理多反馈、非线性、高层次复杂系统的问题，为地区中长期发展计划的分析制定提供有效的参考依据。

近岸海域环境质量受海洋和陆地等多复杂系统的影响。为避免影响因素受线性因素的影响，本节运用系统动力学模型把近岸海域环境质量的影响因素分为人口、资源、经济、环境四个直观的子系统，并分析各个子系统间的相互耦合关系。此研究在辽宁省海洋经济可持续发展的背景下，分析辽宁省近岸海域环境质量自2006年以来及在未来多年内的动态变化。根据模型调整参数，得出辽宁省海洋经济发展的不同方案，在不同方案中尽可能地选择促进辽宁省海洋经济可持续发展的最优方案，为制定辽宁省海洋经济高质量发展的政策战略提供参考依据。

系统动力学的核心是一阶微分方程组，用来描述系统各水准（状态）变量的变化率（速率）对各变量的依存关系。用欧拉法数值积分表示，状态方程（L）的一般形式为

$$L_K = L_J + DT \times (IR_{JK} - OR_{JK}) \qquad (5.11)$$

式（5.11）中，L_K 是 K 时刻的状态变量，L_J 代表 J 时刻的状态变量；IR_{JK}、OR_{JK} 分别表示输入速率与输出速率；DT 表示时间间隔，K 表示现在时间，J 表示前一时间。DT=JK，以上方程通过变形得到的速率方程（R）为

$$\frac{L_K - L_J}{DT} = \frac{DL}{DT} = IR_{JK} - OR_{JK} \qquad (5.12)$$

式（5.12）的意义为，状态变量的导数等于输入速率和输出速率的代数差。与状态方程不同的是，速率方程无明显的标准格式。系统动力学解决问题的主要步骤大致可以分为以下六步。

（1）系统分析。用系统动力学的理论原理和方法对研究对象进行系统全面的分析，明确要求、目的和所需要解决的问题。

（2）系统结构分析。划分系统层次和子系统，确定局部和整体的反馈机制。

（3）建立定性定量的完整模型。确立系统中的状态变量、速率变量、辅助变量等主要变量之间的关系，并设计非线性表函数，确定估计参数并赋值。

（4）模型模拟分析。根据系统相关信息发现新的矛盾和问题，修改模型和参数。

（5）模型的检验。联系以上步骤，最后完善模型的合理性和规范性。

（6）政策分析和讨论。调整灵敏参数后重新模拟，将结果和基准数据进行对比，分析不同策略作用下解决问题的思路和方法。

模型模拟时间为2006～2030年，共分为两个阶段；第一阶段是2006～2015年，为建模和验证阶段，第二阶段是2016～2030年，为调整和预测阶段，基准年为2006年，时间间隔为1年。

二、模型结构及流图分析

近岸海域环境系统是受海陆资源经济系统影响的多元复合系统，因此采用系统动力学模型来构建辽宁省近岸海域环境污染控制系统。渤海湾海域环境的污染主要来自陆地上工业废水、生活污水、农业污水和海上资源开发污染，其中陆源污染量占近岸海域总污染量的一半以上。从前述研究结果可知，在近岸海域环境质量影响因素中，工业废水、农业污水、海水养殖等是重要的影响因子。因此本书从海洋环境污染源来自陆地和海洋两个角度出发，着手于人口、环境、资源、经济子系统间的相关关系，全面体现整个系统的动态变化，从而确定辽宁省近岸海域环境污染控制系统（图5.9）。

人口子系统和各子系统之间都有关联，人口不仅在满足日常生活需要过程中消耗一定的资源能源，并产生一定的生活垃圾，而且在发展经济时，同样也开发资源，排放废水、废弃物。资源经济的发展也会影响人口的增长速度。因此人口总数、生活污水排放量、工业废水排放量、农业污水排放量、其他废弃物排放量对近岸海域环境有很大影响。只有统筹人口子系统和其他子系统之间的平衡关系，才能不断提高人民生活质量。

经济子系统是模型中各子系统相关关系的核心，包括第一产业、第二产业和第三产业。经济水平的提高促进居民消费水平的提高，促使居民消耗更多的能源，排放更多的废弃物。生态环境的恶化会约束经济的发展，同时生产技术

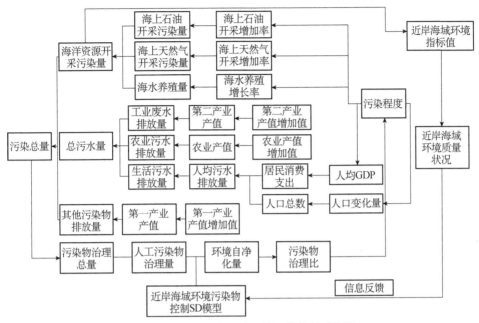

图 5.9 辽宁省近岸海域环境污染控制系统图

水平的提高会提高污染物的治理能力，降低废弃物的排放量，促进生态环境的可持续发展，实现整个区域的高质量发展。

资源子系统为人口子系统和经济子系统提供物资，促进环境子系统的良性循环。同时人口增长、经济发展、生态环境的良好发展又会影响资源的自生能力和增长变化量。如本模型中近岸海域中的生物等资源同时会受到经济、人口及环境子系统的影响。

环境子系统是其他子系统发展的"后花园"。近岸海域环境的发展直接影响人类对资源禀赋的满意度，进而影响人类的身体健康状况，影响人口数量。近岸海域环境质量状况直接影响区域经济的发展水平，影响居民生活的质量。

依据人口、资源、经济、环境子系统之间的联系和内部结构，在辽宁省近岸海域环境污染控制系统的基础上构建了辽宁省近岸海域环境可持续发展系统动力学模型（图 5.10）。各子系统之间通过信息的输入和输出构成联系，模型反馈结构由此形成。

反馈关系如下（+代表正反馈，–代表负反馈）。

（1）人口变化率+人口变化量+人口总数+生活污水排放量+污水总量+总污染量+污染治理目标和实际差距+水环境污染现状–人口变化量。

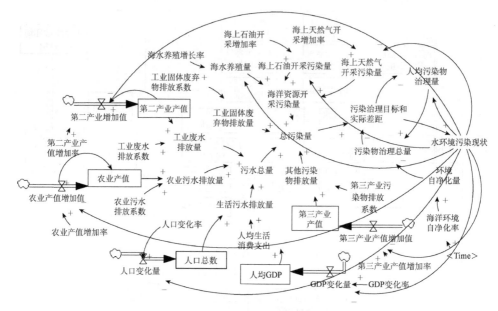

图5.10　辽宁省近岸海域环境可持续发展系统动力学模型

（2）GDP变化率+GDP变化量+人均GDP+人均生活消费支出+生活污水排放量+污水总量+总污染量+污染治理目标和实际差距+水环境污染现状−GDP变化量。

（3）第二产业产值增加率+第二产业增加值+第二产业产值+工业废水排放量+污水总量+总污染量+污染治理目标和实际差距+水环境污染现状−第二产业增加值。

（4）农业产值增加率+农业产值增加值+农业产值+农业污水排放量+污水总量+总污染量+污染治理目标和实际差距+水环境污染现状−农业产值增加值。

（5）工业固体废弃物排放系数+工业固体废弃物排放量+总污染量+污染治理目标和实际差距+水环境污染现状。

（6）第三产业产值增加率+第三产业增加值+第三产业产值+其他污染物排放量+总污染量+污染治理目标和实际差距+水环境污染现状−第三产业产值增加值。

（7）海水养殖增长率+海水养殖量+海洋资源开采污染量+总污染量+污染治理目标和实际差距−人均污染物治理量+污染物治理总量。

（8）海上石油开采增加率+海上石油开采污染量+海洋资源开采污染量+总污染量+污染治理目标和实际差距−人均污染物治理量+污染物治理总量。

（9）海上天然气开采增加率+海上天然气开采污染量+海洋资源开采污染量+总污染量+污染治理目标和实际差距−人均污染物治理量+污染物治理总量。

（10）海洋环境自净化率+环境自净化量−污染物治理总量−污染治理目标与实际差距+水环境污染现状+海洋环境自净化率。

三、模型检验与敏感性分析

本书选取2006～2016年的生活污水排放量、工业废水排放量、人口总数、海水养殖量四个主要变量的实际值和模拟值进行对比，这四个变量代表人口、经济、资源和环境子系统。模型检验由Vensim软件模拟完成，判断2006～2016年的历史记录与预测结果误差是否大于10%，如果误差结果未超过10%，则认为模型基本有效，否则对模型继续进行调整。由图5.11所示，模拟值与实际值的误差均未超过10%，表明模型结构基本符合实际情况，能反映辽宁省近岸海域环境可持续发展的特点，可用于模拟实际系统，模型可靠性强。

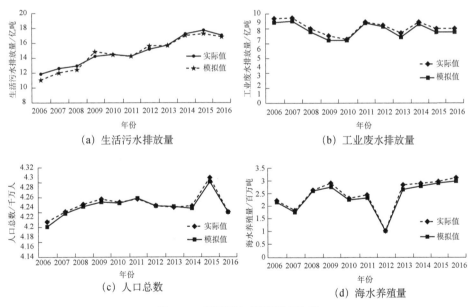

图5.11　实际值与模拟值对比图

本章对模型中的调控变量进行了敏感度测试，结果如表5.10所示。第二产业产值增长率、第三产业产值增长率、污水治理率、生活污水排放量、工业废水排放量等变量敏感度均超过5%，相对来说比较敏感。第一产业产值增长率、海洋石油开采增长率、海洋天然气开采增长率、农业污水排放量等变量的平均敏感度小于2%，相对不敏感，设计调控方案的时候不做重点考虑。

表5.10　模型敏感度测试结果

变量	敏感度/%	变量	敏感度/%
第一产业产值增长率/%	0.3	污水治理率/%	5.7
第二产业产值增长率/%	9.8	生活污水排放量/亿吨	8.2
第三产业产值增长率/%	5.8	工业废水排放量/亿吨	6.7
海水养殖增长率/%	2.3	农业污水排放量/亿吨	1.7
海洋石油开采增长率/%	1.3	海洋资源开采污染量/万吨	2.9
海洋天然气开采增长率/%	0.2	人口变化率/%	2.5

四、设计方案

根据以上模型敏感度测试，人口变化率、第二产业产值增长率、第三产业产值增长率、污水治理率、生活污水排放量、工业废水排放量是影响辽宁省近岸海域环境的重要因子。选取这些主要变量进行不同方案的对比，根据不同方案下主要变量的模拟结果（表5.11），与对应的仿真方案进行对比，选择促进辽宁省近岸海域环境可持续发展的最优方案。

表5.11　辽宁省近岸海域环境可持续仿真方案

方案	年份	人均GDP/元	人口总数/万人	第二产业产值/亿元	第三产业产值/亿元	工业废水排放量/万吨	生活污水排放量/万吨
原始趋势型	2016	50 791	4 232	8 606.5	11 467.3	83 140.3	170 438.7
	2020	86 321	4 356	9 654.2	19 654.1	93 647.1	198 745.2
	2025	10 421	4 415	14 532.4	23 145.3	101 324.5	214 358.9
	2030	12 546	4 573	18 245.6	27 032.4	140 235.3	245 213.6
维持现状型	2016	50 791	4 232	8 606.5	11 467.3	83 140.3	170 438.7
	2020	86 321	4 356	9 268.1	19 728.7	90 046.1	168 347.3
	2025	10 421	4 415	13 951.1	23 421.1	93 741.2	184 358.9
	2030	12 546	4 573	17 515.8	27 243.1	98 453.4	229 136.5
经济优先型	2016	50 791	4 232	8 606.5	11 467.3	83 140.3	170 438.7
	2020	116 321	4 356	17 646.2	20 654.1	120 589.3	228 545.2
	2025	17 421	4 415	265 472.6	29 145.3	141 155.4	25 435.6
	2030	246 546	4 573	35 287.9	39 032.4	160 145.1	294 798.9

续表

方案	年份	人均GDP/元	人口总数/万人	第二产业产值/亿元	第三产业产值/亿元	工业废水排放量/万吨	生活污水排放量/万吨
环境优先型	2016	50 791	4 232	8 606.5	11 467.3	83 140.3	170 438.7
	2020	65 210	44 561	9 876.4	12 654.3	90 543.2	194 561.2
	2025	76 541	44 987	12 142.2	14 894.3	93 564.3	203 698.2
	2030	84 123	45 642	14 564.3	16 347.5	96 543.2	210 364.7
协调发展型	2016	50 791	4 232	8 606.5	11 467.3	83 140.3	170 438.7
	2020	74 563	4 398	9 871.5	15 236.1	92 013.2	199 843.2
	2025	89 741	4 465	10 234.6	19 754.2	114 516.3	224 567.4
	2030	96 354	4 531	14 237.6	24 563.2	131 273.2	232 613.2

原始趋势型是基本保留模型原参数值，未做较大的参数调整，按照最原始的模型运行得出的仿真方案。人均GDP、人口总数按表函数模型预测，第二产业产值、第三产业产值按照自然增长速度增加。由表5.11可知，按这种模式发展，第二产业发展速度较快，第三产业产值增长速度次之。2030年第二产业产值是2016年的2.1倍，2030年人口总数是2016年的1.08倍。随着人口数量的增长和经济的发展，人均GDP同步提高，居民生活用水需求量变大，污水总排放量明显增加。在这种模式下，经济总体发展较缓慢，且环境污染也得不到有效治理，不利于辽宁省海洋经济的高质量发展。

维持现状型是根据原始模型运行结果，对个别参数调整后的模拟结果。根据原始模型可知，工业废水排放量、生活污水排放量是辽宁省近岸海域的主要污染源，因此降低工业废水排放量和生活污水排放量是提高辽宁省近岸海域质量的关键。在工业产值增长率为13%的情况下，人口总数、人均GDP均不变，第三产业产值由原来11%的增长率自然增长，污水处理率以每年5个百分点的速度增长。这种情况下，第二产业产值比原始趋势型下降了4%，污水处理率比原始趋势型提高了2%。维持这种现状发展。结果发现，2030年工业废水排放量比原始趋势型减少了41 781.9万吨，但近岸海域环境质量并没有明显改善，因此此方案并不可取。

经济优先型在控制人口总数不变的情况下，将第二产业产值和第三产值的增长率提高10个百分点。在这种模型发展下，人均GDP快速增长，居民消费水平增长速率明显高于其他四种方案。2030年生活污水排放量较原始趋势型增加了49 585.3万吨。在这一方案下，辽宁省海岸带的经济和消费水平将快速增长。但是，由于工业的快速发展，生活污水排放量和工业废水排放量都明显高于原始趋势型方案，这样海洋环境破坏比较严重，因此此方案也不可取。

环境优先型限制经济增长速率，将第二产业和第三产业产值增长率分别下降5个百分点和3个百分点。增加污染治理投资，将污染治理率提高12%。在这一方案下，辽宁省海岸带经济将低速增长，同时2030年生活污水排放量比原始趋势型下降34 848.9万吨，工业废水排放量减少43 692.1万吨，所承载的人口总数比原始趋势型增多。但是缓慢的经济增长很难满足人民生活水平不断提高的需求，因此此方案也不可取。

协调发展型是在综合考虑政策影响及实际情况下调整得出的。通过调整产业结构，在促进第二产业发展的同时，加大第三产业比重，使第三产业比重超过50%。同时增加污染治理投资，保证环境资源经济的协调发展。在此方案下，居民消费水平可以得到适度增长，同时生活污水排放量和工业废水排放量也明显少于原始趋势型方案和经济优先型方案。

综合以上五种方案的主要参数可以看出，协调发展型方案的经济发展速度可以满足人民生活水平不断提高的需求，同时海洋环境污染量也可以达到可持续发展的要求。因此，协调发展型方案为提高辽宁省海洋经济高质量发展的可行方案。

第六节　小　　结

本章运用可变模糊模型分别对我国沿海11个省份和四大海域的海洋环境质量进行了评价。结果发现，随着时间的推移，我国海洋环境质量水平总体向良性转变。海南、天津、上海对外开放早且经济发达，入海污染物得到有效控制，海洋环境质量水平高；河北、山东、福建、广东属于海洋环境质量中等水平地区，科技投入等海洋管理问题有待加强；江苏、浙江人均污染严重，辽宁、广西环境保护投资较低，污染物得不到有效控制，海洋环境质量水平低。东海地区氨氮量和总磷量过高，导致海域环境质量最差；渤海地区人口总量相比其他海域小，人均污染物排放少，环境质量相对较好；黄海、南海地区环境质量一般。

采用地理探测器模型对海洋环境质量的影响因素特征及其互动关系进行研

究。结果显示，九大影响因子中除经济效率、经济规模和单位面积海产养殖量对海洋环境质量影响不显著外，其余因子对海洋环境质量的影响都显著。生态探测说明，不同因子解释力大小是有显著差异的，p 值越大的因子对不同地区海洋环境质量的影响差异越明显。风险探测结果发现，环境质量和因子得分呈一致性，得分低的任意影响因子都可能对海洋环境质量产生制约。交互探测结果中任意因子交互对海洋环境质量的影响大于单因子对海洋环境质量的影响。

运用关联度、耦合度模型对海洋环境系统与海陆资源经济系统进行耦合分析。结果显示，在海陆经济子系统的各具体指标中，陆地经济产值占 GDP 的比重与海洋环境系统关联度最高。海陆资源子系统各具体指标与海洋环境系统的关联度最高的是人均海洋天然气产量。经济规模和经济增长是系统间耦合发展的主导因素。研究期内，海洋经济、陆地资源和海洋环境系统的耦合度是波动上升的，系统间相互作用增强，适应性降低，一个系统的微小变化会引起另一系统的大幅度波动。海洋资源、陆地经济与海洋环境系统间的耦合度波动下降，系统间矛盾缩小，适应性增强。海洋环境及其与海陆资源经济系统的耦合协调总体上是向着良性协调可持续方向发展的。

为解决辽宁沿海经济带海洋经济可持续发展的问题，本章主要从经济角度、环境角度与社会角度提出对策建议。

1. 经济角度

辽宁沿海经济带海洋经济协调可持续发展的本质问题是经济发展，需要用经济手段解决经济问题，以经济手段调整海洋经济活动，实现海洋经济的健康发展，提供经济方面行之有效的可持续发展战略。

1）科学制定辽宁省沿海经济发展规划

《辽宁沿海经济带发展规划》是实现沿海海洋经济可持续发展的重要依据，对相关部门和行为主体等有着重要的指导作用，是实施海洋经济可持续发展的基础。海洋经济规划应突出战略层面，具有宏观指导性、调控性、综合性与跨部门跨行业的特性，在考虑海洋的自然属性、遵循其发展规律、明确海洋功能区划的基础上，结合经济发展状况及国家的相关规划，确立海洋经济发展的指导原则和发展目标。同时，应清楚地看到海洋经济发展中的机遇和挑战，正视和解决当前面临的海洋区域开发和海洋产业发展等问题，明确发展步骤和措施，细化海洋经济发展的战略目标及任务，合理安排海洋经济项目的开发规模和布局。参考海洋经济发展较快的国家的经验，不难发现，在注重海洋经济方面发展的同时，应当兼顾海洋环境资源的发展。以海洋经济可持续发展为原则，将海洋经济增长放在中心位置，海洋开发以沿岸陆域为依托，以海洋产业为主体，统筹陆海发展规划，建立海陆联动发展机制，深入实施科技兴海战略，建立科技促进海洋经济发展的长效机制，加快科技成果的转化，重点发展海洋开发实用技术，推动研究海洋新的可开发资源，明确海洋功能区划，因地制宜地发展优势产业并大力调整海洋产业结构。同时应当充分考虑经济开发中遇到的环境问题，建立环境资源评价体系，借鉴经验论证资源环境可能出现的负面效应，权衡利弊，构建合理的海洋经济发展规划。摒弃以环境破坏和资源浪费为基础的粗放型的海洋开发方式，以合适的海洋经济发展规划作为长期指导。

2）优化辽宁省沿海产业分布

辽宁省沿海地区经济发展的重点是根据地区实际情况，结合本地区的区位条件、自然资源、文化风俗、社会经济及自身优势等条件，合理布局沿海产业。首先，根据国家海洋经济产业发展趋势及总体布局规划，明确本地区海洋经济产业规划布局及海洋功能区划，使之与全国海洋经济产业规划布局及海洋功能区划相一致，在保证国家利益的同时，发展自身的海洋产业。辽宁省制定了《辽宁省海洋经济发展"十一五"规划》《辽宁沿海经济带发展规划》《辽宁省海洋功能区划》等海洋产业相关规划，确定了辽宁沿海经济带海洋产业进一步发展的空间与方向。

辽宁沿海经济带的海洋经济发展严重不平衡。大连市海洋经济总产值占全省海洋经济总产值的比重高，主导地位非常明显。所以要协调经济带内部各地区之间的海洋产业布局，促进区域经济一体化发展，避免区域性重复建设和恶性竞争。合理布局海洋产业与陆域产业，统筹陆海发展规划，建立海陆联动发展机制，互相支撑，借助陆域产业的资金、人才、市场和技术等条件支持海洋产业的发展。为了海洋经济的可持续发展，应当控制陆域产业向海洋的污染物排放，排放量不能超出海洋的自净能力范围，以共同维护好海洋的自然资源环境。辽宁沿海经济带各市结合自身工业生产特点、自然和人文环境等条件，海陆互动发展，形成分工明确、结构合理的海洋产业布局。以"五点"开发为切入点，培育新的经济增长点，进一步提升大连市的核心地位，以大连-营口-盘锦为主轴，壮大渤海翼（盘锦-锦州-葫芦岛渤海沿岸）和黄海翼（大连-丹东黄海沿岸及主要岛屿）的实力，实现相互间的有机联系，形成核心突出、主轴拉动、两翼扩张的总体格局。推动沿海经济带黄渤"二海"发展，构建辽东半岛经济区、辽西海洋经济区和辽河三角洲海洋经济区，借助经济区的带动和辐射作用，发展海陆结合的辽宁沿海经济带。利用沿海经济带、资源腹地丰富、对外开放门户地位、大吨位港口、陆上铁路与大型机场的交通条件及拥有高新技术高科技人才等优势，发展临港工业集群，搞好临港经济，承接发达地区产业的"北上"转移。注重与同区的互动与交流，加快实现环渤海经济区"五点一线"发展战略，实现环渤海经济区工业产业的快速发展和环渤海线的建设。

3）合理调整辽宁省沿海各区产业结构

《辽宁省海洋经济发展"十二五"规划》提出，科学调整全省沿海区域海洋产业布局，优化产业结构等产业发展规划。这就要求辽宁沿海经济带各市要进一步调整产业结构。海洋经济的第一产业即海洋渔业，传统的海洋渔业以捕捞业为主，海水养殖业发展相对缓慢。应以市场需求为导向，提高海产品加工水平，发展高端产品，由粗放型生产向集约化生产转变。加大科技投入，通过新技术新手段，科学捕捞和养殖海产品，提高海水养殖技术，进一步发展水产养殖基地，实现海水养殖规模化。创新经营模式，集中各种社会资源，开发建设一批集养殖、观赏、垂钓、餐饮、旅游、住宿和疗养等为一体的综合休闲渔业景区，逐步形成产业规模。强化渔船管理，防控近海捕捞行为，大力发展远洋渔业和过洋性渔业，加大公海捕捞比重，提高国际竞争力。积极推动海洋第二产业发展，以辽宁沿海经济带的海洋资源为基础，以陆域的高科技技术和人员为依托，建立海洋生物医药基地，把海洋生物工程、海洋功能保健食品、海洋生物制药、海洋生化制品、海洋环境污染修复技术作为优势产业来发展。同样，重视海洋经济第三产业发展，有助于提高经济效益，解决人口就业。滨海旅游业与海上交通运输业成为辽宁沿海经济带发展的重要支柱产业。第三产业所占比重已达45%，对辽宁省海洋经济发展做出了重要贡献。

4）大力发展辽宁省沿海循环经济

循环经济以"低消耗、低排放、高效率"为基本特征。从资源利用的技术层面来看，主要从资源的高效利用、循环利用和废弃物的无害化处理三条技术路径去实现。高效利用原则要求用尽可能少的原料和能源来完成既定的生产目标，从经济活动的源头注意节约资源和减少污染；循环利用原则要求产品在完成使用功能后，能重新变成可以利用的资源，同时要求生产过程中所产生的边角料、中间物料和其他一些物料也能返回到生产过程中或是另外加以利用。循环经济的实施需要相当高的经济生产成本，它的运行需要大量的技术投资，并且以经济为着眼点，必须产出大于投入才有意义，没有经济效益的循环是难以为继的，需要同时兼顾环境效益、社会效益与经济效益的协调发展，不可偏颇。

2. 环境角度

1) 控制污染物的排放

陆源性污染物是海洋污染的主要来源，所以要控制污染直排入海，对企业的污染排放量和排放种类进行彻底调查。辽宁省多年来致力于完善海洋监测网络体系，担负起专项检测的任务，加强对辽宁省沿海各个重点入海口及邻近海域生态环境和一般入海排污口实施多项目、高频率的监测，以进一步分析陆域入海污染物对海洋环境的影响，并将相关数据提供给环保部门协同标本兼治。每年辽宁省会发布《辽宁省海洋生态环境状况公报》，向社会通报前一年海洋污染物含量、环境等级等相关情况。并且，传统污水排放重点行业，如造纸业、冶金业、化工业、纺织印染业等，要及时淘汰落后产能，加大污染治理力度，把分散的排污企业向工业集聚区集中，开展清洁生产等。将海岸带功能区划分为可排污区与不可排污区，禁止不可排污区污水排放。辽宁省沿海各港口的进出港作业、游轮客轮、海上采油平台等也是沿海地区的污染来源。因此，客运、货运船要加强生活垃圾处理；油轮及采油平台要减少石油泄漏；港口同样要增强对船舶废弃物及石油化工污染的处理能力。在经济利益的驱动下，不少地区无序、无度甚至无偿盲目发展养殖业，大规模的围垦减少了大量的海域面积，纳潮量降低，削弱了海洋的自净能力，加剧了水域环境的恶化。

目前世界上的海水养殖系统，大多已进入半集约化或集约化养殖，饵料的投放和残饵的生成是养殖业自身污染的一个重要因素。一般水产养殖投放的饵料由于沉积作用沉积于海底。工业水产养殖的问题主要是养殖废水往往得不到有效净化，简单处理后直接入海，养殖废水中同样含有有机污染等元素，并且海水具有流动性，且不易观察，污染加重时，造成海水富营养化，海底微生物增加，需氧量大增；沉积有机物分解，转化成为对鱼类有害的物质；沉积物中的营养物质释放又会导致网箱内部的二次污染，加剧富营养化程度。海水富营养使得藻类大量繁殖，藻类产生的毒素有些可直接导致海洋生物大量死亡，有些甚至可以通过食物链导致人类食物中毒。另外还有因不规范使用鱼类药品、含药物类饲料和投放的鱼种或受精卵中含有的药物残留所带来的化学性污染，不科学的水产养殖带来的生理性污染，渔业生产过程中机械产生的油类污染，渔业生产者生产过程中产生的生活垃圾等物理性污染；因引进新的海洋物种而打破原来食物链，造成食物链断裂，使物种急速减少或增多。因此，要依照《中华人民共和国渔业法》《中华人民共和国农产品质量安全法》《中华人民共和国环境保护法》等相关法律，合理布局网箱、科学喂食、规范用药，通过药剂投放及食用藻类养殖来减少富营养化的出现。科学论证本地区海水养殖新物种的可行性以及养殖业与其他相关行业相互联系，左右拓展、上下连接，形成产业链，开展循环经济。提高从业人员素质技术水平及依法作业的自觉性，确保海洋渔业发展并使海洋环境得到保护。

2）建立健全海洋环境监测和评价机制

海洋经济要得到持续发展，海洋环境质量是重要的评价指标，同样也是可持续发展的重要组成部分。海洋环境监管的重要手段是海洋环境监测，海洋环境监测也是环境保护和监督管理的重要技术保障和基础，同时也为环境科学的研究提供监测数据，客观真实地反映海洋环境状况，也为执法机关和法制单位执法立法提供重要证据。根据国家海洋局的统一部署和辽宁省沿海各市政府管理海洋的需求，经辽宁省机构编制委员会办公室审核批准，2007年辽宁省海洋环境监测总站挂牌成立，担负起辽宁省沿海近岸海域海洋污染事故调查鉴定和海域生态环境监测的任务，承担海洋和海岸环境评估工作。海洋环境质量评价指的是根据不同的要求和环境质量标准，按一定的方法和评价原则，对海域环境要素的质量进行预测和评价，为海洋环境管理和规划及污染治理提供科学依据。环境评价的内容涵盖较广，主要包括评价陆源性污染物入海后对海洋环境的危害程度、海上及近岸工程设施施工等生产活动对海洋环境带来的影响、海洋资源开发对海洋环境的影响等方面。

3）海洋灾害预报

海洋自然环境发生异常或剧烈变化导致在海洋或海岸发生的灾害称为海洋灾害。海洋灾害主要指海水入侵、海冰、海浪灾害、风暴潮、飓风、地震海啸及赤潮等突发性的自然灾害。各类海洋灾害对经济损害严重，但相较于其他年份，近几年来海洋灾害有所减少。海洋灾害已经成为我国自然灾害的主要来源。我国辽东湾海域，每年12月至次年3月海冰广泛分布，辽宁省由海冰致灾，渔船和水产养殖受损，直接经济损失严重。

《辽宁省国民经济和社会发展第十二个五年规划纲要》总发展目标认为，需要形成海洋防灾减灾体系，高度完善海洋环境监测预报体系，总体提升实时监测预报能力，健康运行功能区质量运行保障体系，进一步完善海洋防灾和应急体系，构筑监测准确、预报及时、应对有力的海洋防灾体系。辽宁省各地方预报部门在发布海洋灾害的预报时，要防止报出多门及谣言等，避免在社会上引起恐慌和混乱。建立灾害预报相关法律，规范预报发布及有效制止和惩罚谣言传播者。灾害预报应全方位多角度地论证海洋灾害给沿海地区经济及人员带来的危害，提供防范措施。完善海洋灾害预报体系，要努力形成网状结构，覆盖辖区所有海域，以海洋监测系统为基础，多部门联合预警。努力完善海洋灾害预报系统，加强灾害监测系统，发展海洋生物监测技术，利用浮标等自动化设备和技术及海洋生物对自然环境的反应信息等手段，结合科学研究的海洋群发性、衍生和次生灾难暴发规律及后果，提高海洋灾害预警工作的准确性和预见性。利用先进手段就要求我们在海洋开发规划中，要将预警所用设施纳入其中并且能够预见开发中可能会遇到的灾害，提前做好救灾准备工作，重视海洋灾害可能带来的次生灾害。

3. 社会角度

辽宁沿海经济带的可持续发展内涵有经济的可持续发展、生态环境资源的可持续发展及社会生活的可持续发展，是一个综合的系统性的问题。社会主体是可持续发展的受益者和参与者。沿海经济带海洋经济的可持续发展，需要全社会的参与和支持，共同努力，促使经济、资源环境和社会相协调，真正实现沿海经济带的可持续发展。

1) 理顺海洋环境管理体制与完善相关法律法规

海洋环境管理是以保持自然生态平衡和环境持续利用为目的，运用行政、法律、经济、科学技术及国际协同合作等手段，为维持良好的海洋环境状况，采取防止、减轻和控制海洋环境破坏、损害或退化的行政行为。海洋环境管理是海洋管理的重要组成部分。海洋环境管理工作的开展是以海洋管理体制为基础开展的。辽宁省是沿海大省，海洋开发工程项目众多，海事事务繁多，海洋环境管理工作多头管理，自成体系，缺乏工作交流和信息共享。虽然海洋环境监测部门等配套管理体系已经建立，但基本服务能力相对薄弱。当海洋环境面临问题时，各地区各级环保部门、辽宁省海洋与渔业厅、海上治安监督管理机构、海关缉私队伍、海事部门、交通部门以及各地部队都有参与处理的权利及可能，这就使得海洋环境问题难以确定所属管辖部门，工作效率及应急能力大打折扣。因此，要明确各地各级机构的管理范围及权限，适当调整机构的设立，适当集中管理权力。各级各部门在处理海洋环境问题时，要构建畅通的工作渠道，及时协调各级各部门之间的工作。综合各部门的执法队伍，建立一个协调的、系统的、统一调配的精良队伍，提高执法效率和质量。完善海洋环境管理的资金投入渠道，建立信息服务共享平台，减低各部门的行政费用，提高海洋环境管理的应急速度。

2）加大海洋环境可持续发展观念宣传教育

海洋环境可持续发展作为可持续发展理念的重要组成部分，应当涵盖在可持续发展教育之中。进行海洋环境可持续发展教育，有助于人民和决策部门树立以未来为导向的思维方式，以整体的科学的方法实现价值观、行为方式和生活方式的转变。并且宣传教育具有强烈的舆论导向作用，这也是实现海洋环境可持续发展的重要手段。政府应当大力宣传普及海洋知识，利用公众媒介等手段宣传什么是可持续发展、发展规划是什么、应该怎么样做，从而提高人们对海洋环境可持续发展的认识。此外，可利用法律法规的强效限制作用及其他司法手段，积极推进《联合国海洋法公约》《中华人民共和国海洋环境保护法》《防治海洋工程建设项目污染损害海洋环境管理条例》等法律法规的普及，增强人们的依法用海观念。在大中小各层次教育材料中，加大海洋环境和生态保护等方面内容的比例，从青少年起，树立可持续发展观念和思维方式行为准则。辽宁省建设了海洋环境教育基地，向社会公众展示海洋世界及其开发现状、未来方向等内容。在沿海经济带建设海洋馆、海洋科技馆军事馆、水上乐园、休闲海岸等，使人们与海洋的关系更加密切。随着社会发展可持续发展观新内容的不断出现，政府相关部门要定期对在岗人员进行海洋可持续发展教育。社区要开展海洋环境可持续发展有奖问答等活动，调动社区成员积极性。设立爱护海洋日，开展主题活动，在社会上形成一种可持续发展之风。教育和学习在促使人类发展方面发挥着重大的作用，相信在宣传教育作用下，人们一定会强化海洋环境可持续发展观念。

3）促进海陆一体化发展

海陆一体化是指根据海、陆两个地理单元的自然主体的客观联系，运用系统论和协同论的思想，通过统一规划、联动开发、产业组接和综合管理等方法，将海陆地理、社会、经济、文化、生态系统整合为一个统一的有机整体，实现海陆环境协调发展。沿海经济带作为海陆连接地带，有着良好的资源和区位优势，是海洋经济生产的中心及海洋发展的带动力量。海洋中拥有丰富的生物资源、矿产资源、海水资源等，海洋经济的发展也已经成为经济新的增长点和动力。海洋开发需要陆地经济水平、科学实力、劳动资源及生产资本等的支撑，提升陆域经济发展战略优势和拓展战略空间，要依托海洋优势。辽宁省在沿海经济发展中提出海陆统筹一体化发展。海陆统筹一体化，促使海洋资源开发利用与陆域产业布局相协调，并且加大海洋对沿海地区的经济拉动。海洋利用陆域的科技科研实力发展科学、高效、高产的经济，将海洋产业链延伸到陆域，与陆域经济相衔接。统筹海陆交通设施等基础设施建设，陆域排污要严格净化处理，控制污染入海的量、数、类，结合海洋功能区来设置排污位置。海洋突发性灾害会直接危害内陆尤其是沿海地区人口、基础设施、工程项目等的安全。海陆统筹有机协调、整体发展，最终能够实现人类社会经济资源环境的可持续发展。

4）实施科技兴海战略

科技是第一生产力，科技兴海要求依靠科技成果的转化和产业化，推动海洋经济发展和生态系统良性发展。科技兴海已经成为辽宁沿海经济带发展的重要路径，在海洋经济发展规划中把科技兴海放在海洋开发的突出位置，加快海洋科技成果转化，加强科技向传统海洋产业的渗透，增强本地区海产品的国际竞争力，也有助于调整海洋经济结构及海洋生态系统的平衡。全国印发《全国科技兴海规划纲要（2008—2015年）》，辽宁省在沿海地区建立"科技兴海"示范基地，重点加强对海洋药物、海水增养殖、食品加工、海洋化工、海洋生物工程等技术方面的研究与开发，鼓励和扶持以科技为支撑的海洋项目，搭建高等院校、科研院所、生产企业及金融机构之间的交流合作平台，探索建立"学—研—产—金"科技兴海模式。"学"——以高校为基础，加强人才培养体系，引进高能力、高水平人才，推进涉海院校重点学科的建立，开展海洋资源开发、海洋环境监测、海洋环境保护及海事人员培养等主题活动；"研"——在辽宁省沿海地区设立涉海科研院所，建立人才鼓励机制，提高科研人员积极性，完善人才竞争机制，对从事海洋活动的劳动者进行技术培训；"产"——将科研成果转化为生产力，激励海洋劳动者引用新技术、新方法，完善海洋企业的产学研联合；"金"——需要地方政府加大对海洋开发的投入，对重点科研院校加大财政支持，完善海洋科技投入结构，统筹协调科技兴海模式的各个环节，组织企业及个人的新技术培训，引进国外管理经验和先进技术，积极落实科技兴海战略。

海洋资源环境经济复合系统承载力
及协调发展调控

第一节 引 言

一、研究背景

中国是一个海洋大国，海域面积广阔，海洋资源丰富。其海岸线总长度超过18 000千米（自然资源部，2017），沿海地区浅海滩涂丰富，天然优良港口众多，横跨温带、亚热带、热带三个温度带，海洋地质复杂多样，拥有丰富的海洋生物资源和海洋矿产资源，以上这些都为中国海洋发展提供了客观支撑条件。进入21世纪后，我国海洋经济建设取得了突出的成就，2016年海洋生产总值迅速增长，占GDP的近10%，10年平均增速为15.27%，比10年国内生产总值增速高1.4%（程妍，2018），已成为中国经济的新增长点，海洋对我国经济发展具有不可替代的重要作用。

在支撑我国经济快速发展的同时，海洋也承受了一系列生产生活带来的污染和破坏。如图6.1所示，2006～2016年海洋生产总值增长迅速，年增长率高达23.6%，但同时工业废水排放量增加65%，海水养殖面积缩小16%等，人类活动早已危害到海洋生态系统。兰冬东等（2013）指出，社会开发活动80%以上都集中在沿海地区，海洋将面临更多日趋显著的生态坏境问题。可见日渐频繁的海洋活动很大程度地加重了海洋资源环境的负担，海洋资源环境经济系统之间的关系呈现不可持续发展的趋势。海洋复合系统的非良性变化引起了党和国家的高度重视，国家海洋局印发的海洋"十三五"规划强调，推动海洋经济由速度规模型向质量效益型转变，从而实现海洋标准化与可持续发展。习近平总书记在十九大报告中指出，"我们要牢固树立社会主义生态文明观，推动形成人与自然和谐发展现代化建设新格局，为保护生态环境作出我们这代人的努力"[1]。我们应认识到，海洋经济发展绝不能重复过去"先污染、后治理"的发展模式，必须厘清海洋经济发展与海洋资源环境的辩证关系，深入研究海洋资源环境经济系统承载力的变化规律及影响因素，以更高的要求发展海洋，实现海洋资源环境经济的可持续发展。

---

[1] 牢固树立社会主义生态文明观. http://www.ccpph.com.cn/ywrd/xxyyj/jbllhzdsxwt_10158/201805/t20180521_245918.htm［2021-06-22］.

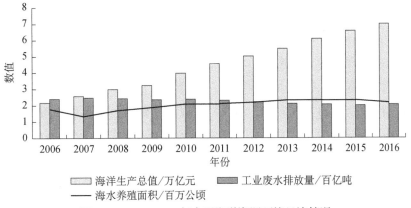

图6.1　2006～2016年中国海洋资源环境经济情况

海洋是一个复杂的、交互性极强且一段时间内较为稳定的系统，其复杂性体现为海洋大系统包括海洋经济系统、海洋环境系统、海洋资源系统，并且系统间存在彼此影响的关系。为确定海洋资源环境经济复合系统承载力，探索其变化规律及其协调性，进而对海洋可持续发展进行调控，为合理地进行海洋开发规划提供决策参考。本章将经济、环境、资源看作一个有机结合的整体，以可持续发展为目标，通过可变模糊识别模型对海洋复合系统承载力进行测算，尽可能地体现海洋承载力的真实情况。

承载力自生态领域引入到地理学领域后，研究起点在陆地，且研究重心也在陆地，尤其是关于生态脆弱区和与人类密切相关的水源地、粮食产地、城市等地区的研究。承载力在海洋方面的应用还较少，本书对海洋复合系统承载力进行研究，拓展了承载力的研究范围，使承载力研究应用到人类关心的沿海地区，丰富了承载力的研究内容。此外，通常学者对承载力研究往往止步于承载力现状，鲜有从更深层次挖掘承载力的变化规律的。一个地区的承载力是多个子系统承载力的有机统一，大部分研究要么对子系统剖析得不够全面，要么割裂了子系统间的关系，对各子系统承载力协调发展关系研究不足。本书以海洋复合系统承载力为研究内容，分析其子系统间的关系状态，加深了对承载力的研究，推进了承载力研究的发展深度。

二、研究现状

承载力的概念起源于物理学，后被引入到生态领域，到目前已发展百余年。Maltus（2011）认为，人口增长受限于粮食增长，这是最早的对承载力内涵的解释。Verhulst（1838）提出了逻辑斯蒂方程，这是承载力最早的数学表达，承载力数理方程大大推进了承载力的研究进程。随后相继出现了土地承载力、水资源承载力、旅游资源承载力、环境承载力。但之后由于承载力研究对象的复杂性和变化的多方向性，承载力数值难以确定，尤其在时间尺度较长、研究区域范围较大时，承载力似乎失效，致使研究停滞不前。20 世纪 60 年代后，随着人口快速增长，人与资源之间的矛盾开始暴露，承载力研究再次受到关注。Meadows 等（1972）在罗马俱乐部发表的《增长的极限》中不仅考虑了资源对人的限制，还考虑了环境对人的影响，大大扩展了承载力的研究内涵。在海域承载力研究的初始，多数学者侧重于海域某一方面的承载力。Perry 和 Schweigert（2008）通过测算某种鱼种养殖对海域承载力的影响，同时对不同区域的海域承载能力进行了测算，得出过度养殖造成海域承载力会下降的结论；Vasconcellos 和 Gasalla（2001）在食物链的视角下测算巴西南部海域对海洋捕捞渔业的承载能力并对其进行了生态模拟，得出该海域海洋捕捞渔业产量存在潜在下降趋势的结论，并针对海洋捕捞渔业布局提出了政策建议；Harvey 和 Weise（2008）运用生态动力原理，预测了不同海水养殖水平和布局对海洋生态造成的外部效应大小。

国内有关承载力的研究起步晚于国外。在研究内容上，国内更注重基于实证分析的脆弱地区承载力研究；在研究尺度上，主要是从中观、宏观角度、尺度，利用"整体是部分的有机结合"的思想去研究；在研究方法上，国内学者做出了许多改进，且基于国情和研究区特点做了很多调整，尝试用"新方法"解决"老问题"。从研究对象看：由陆地尤其是生态脆弱区开始，逐渐向海岸带、海岛、海洋方向发展，以及基于承载力基础上的一些实证分析。纪学朋等（2017）利用状态空间法对甘肃省 2010 年生态承载力进行测度，发现甘肃省生态承载力总体呈东南高、西北低的格局；魏超等（2013）通过构建指标体系对海岸带区域综合承载力进行评估，并以南通市为例进行了实证分析；张红等（2017）基于修正层次分析法模型对海岛城市土地综合承载力水平进行计算，并以舟山市为例进行了实证分析；曹可等（2017）以津冀海域为例，基于海洋功能区规划对海域开发利用承载力进行了评价。从研究方法看：国内研究多结合实证分析，研究方法也日趋复杂多样。毛汉英和余丹林（2001）利用状态空间法对区域承载力进行探索并以环渤海地区为例进行了测度；于谨凯和孔海峥

（2014）利用模糊综合评价的方法对渤海近海海域生态环境承载力进行了研究；赵宏波等（2015）基于熵值-突变级数法以长吉图开发先导区为例，对国家战略经济区环境承载力进行了综合评价；郭晶等（2011）利用因子分析-BP神经网络方法对沿海地区环境承载力进行了预测；吴卫宾等（2017）基于系统动力学-双要素模型对区域水资源承载力进行了模拟和预测，并以长春市为例进行了实证分析。近年来，兴起的生态足迹和能值分析也逐渐被应用。向秀容等（2016）基于生态足迹对天山北坡经济带生态承载力进行了预测。从研究内容看：由单一要素承载力评价向单系统承载力评价，再向多元系统承载力评价以及基于承载力基础之上的一些理论与实证分析的方向发展。谢俊奇（1997）基于改进的农业生态区法对中国耕地粮食生产潜力进行了评价；封志明和刘登伟（2006）对京津冀地区水资源供需平衡及其水资源承载力进行了研究；曾维华等（2007）根据环境承载力理论，在区域规划环境影响评价中进行了应用；刘东等（2012）基于生态足迹法对中国生态承载力供需平衡进行了分析；周侃和樊杰（2015）以宁夏回族自治区西海固地区和云南怒江州为例，分析了中国欠发达地区资源环境承载力的特征与影响因素；代富强等（2012）在生态承载力约束下，计算了重庆市的适度人口。在海域承载力研究方面：苗丽娟等（2006）结合我国沿海各地海洋生态环境的实际状况，通过综合分析各地的社会、经济、资源与生态环境因素，构建了以压力评价指标和承压评价指标为基本框架的海洋生态环境承载力的评价指标体系；李志伟和崔力拓（2010）利用多层次模糊综合评判法对河北省海域承载力进行了评价分析；任光超等（2012）用主成分分析法克服了专家打分法的缺陷，分析评价了我国海洋资源承载力近年来的变化；李明等（2015）依据辽宁省海域开发现状，采用多维状态空间法，对山东省海域承载力及承载状况进行了量化。

海洋复合系统协调发展是指海洋经济、海洋环境、海洋资源彼此间互相支撑、不以牺牲彼此为代价的良性共同发展。国内外关于海洋复合系统协调发展的研究主要有以下三个方面。①海洋单系统内部协调发展关系研究：王泽宇和刘凤朝（2011）利用综合指数法对海洋科技与海洋经济的协调发展关系进行了探索；王秀娟和胡求光（2013）阐述了海水养殖与海洋生态环境的协调关系；王泽宇等（2015）研究了新常态背景下海洋经济质量与规模之间的协调关系；王艾敏（2016）用面板回归方法对海洋科技与海洋经济协调互动机制进行了动态分析。②海陆间协调发展关系研究：盖美等（2013）通过关联度、耦合度模型对中国沿海地区海陆产业系统时空耦合关系进行了分析。③以评价为主的海洋复合系统协调性研究：盖美和周荔（2011）基于可变模糊识别模型分析了辽宁省海洋经济与资源环境协调发展关系；孙伯良和王爱民（2012）通过构建指标评价体系，对海洋经济资源环境系统协调性进行了测度；许冬兰和王超（2013）基于熵变方程法分析了我国海洋经济与海洋环境的协调度。复合系统协调发展实际上是要对多个目标进行合理规划，学者们主要利用多目标规划方法对经济资源环境复合系统进行统筹规划，并取得了较好的拟合效果。魏一鸣等（2002）为开展区域可持续发展建立了PREE系统（人口、资源、经济与环境系统）多目标模型；陈长杰等（2004）通过构建PREEST系统（人口、资源、经济、环境与科技系统），结合多目标规划模型，对中国可持续发展规划进行了实证分析；刘满凤和刘玉凤（2017）以鄱阳湖生态经济区为例，通过多目标规划模型对该地区资源环境和社会经济协调发展进行了研究等。

综上所述，国内外学者都十分重视海洋资源环境与经济社会发展之间的相互影响及其协调关系，海洋经济可持续发展观对海域资源配置具有重要的指导意义，所以必须意识到，海域资源的存量、环境的自净能力和消纳能力是有限的，需要实现资源环境的协调可持续发展。同时已有研究也存在以下不足：①目前关于承载力的研究多集中于陆地，海域承载力研究较少，近几年虽然出现了部分关于海域承载力的研究，但没有完全将海洋的资源环境经济系统分离出来，研究的多是沿海地区的整体情况；②海洋复合系统协调发展研究集中在海洋产业协调发展、海陆间协调发展等单一系统内部协调发展研究上，对复合系统的整体性及复合系统下子系统间的局部关系研究尚存在不足，且多以单指标、单系统为研究指标体系，没有从整体上把握，割裂了资源、环境、经济三者的关系，忽视了三系统互相牵制、互相促进的作用；③海洋复合系统多目标规划研究较少，多目标规划体系较为单一，研究深度不足，多集中于水资源、土地资源等单要素及经济、环境等单系统研究，指标体系构建不够完善，且缺少对复合系统发展模式必要的横向、纵向比较及可行性分析。

三、海洋复合系统承载力概念界定

纵观已有研究，承载力研究是一个复杂的课题，虽然国内外学者对承载力的概念与理论基础尚存在争论，但都认识到承载力是客观存在的。

　　高吉喜（2001）强调，承载力概念涵盖了资源环境共容性、持续承载和时空变化以及考虑人类价值的选择；毛汉英和余丹林（2001）通过构建压力指标和承压指标的定量评价方式，对环渤海地区承载力进行了研究；张燕等（2009）认为，资源环境承载力是生态系统所提供的资源和环境对人类社会系统良性发展的一种支持能力；狄乾斌等（2013）指出，海域资源承载力是基础，海域环境承载力是关键，并指出海域生态承载力是对应于生态系统压力存在的，实际研究中，只有通过分析海域生态承载力与生态系统压力的相关变化情况来了解海域生态发展态势才有实际的研究价值；石忆邵等（2013）指出，将部分承载力的评价指标定义为区间更加合理，因为承载力不是一成不变的；魏超等（2013）定义综合承载力是一定时期内，特定区域空间资源，包括物质资源、能量资源、信息资源、空间资源、人力资源和社会资源等可提供给该区域可持续发展的综合能力；孙才志等（2014）指出，海域承载力具有极强的开放性、动态性和复杂性，难以直接准确计量其所能支撑的最大人口，但可通过构建指标体系从相对量上判断承载力的现状和变化规律；狄乾斌和韩帅帅（2015）将经济承载力定义为从经济角度出发，基于可持续发展，在资源条件和环境容量下经济系统充分发展所能承载的最大经济规模，并利用模型进行"指数"式的评价研究（并非承载力绝对量计算）；许明军和杨子生（2016）提到，资源环境承载力是指在维持人地关系协调与可持续发展前提下，一定区域内的资源环境条件对人类生存与经济社会发展的功能适宜度及规模保障程度，并将资源环境承载力评价内容分为资源承载力和环境承载力两个方面。封志明等（2017）梳理了承载力研究的发展过程，指出在技术方法层面，资源环境承载力综合研究还相对薄弱，偏重封闭系统和静态研究，希冀在定量评价和综合评价上有所突破。

　　基于以上研究，本书认为，需要通过明确以下几个方面来分析海洋资源环境经济复合系统承载力。

　　（1）通过构建资源、环境系统的承压和抗压指标来评价资源、环境承载力变化，正向指标属于承压指标，负向指标属于抗压指标。

　　（2）构建经济承载力评价体系，反映资源环境承载水平下经济承载力发展趋势，从海洋生产总值、海洋人均生产总值、海洋产业结构变化、海洋科研投入等指标可以看出海洋经济承载力水平变化和海洋经济可持续发展情况。

　　（3）通过海洋资源环境经济复合系统承载力协调发展状况反映子系统之间

承载力发展是否合理，是否符合可持续发展，是否以牺牲某子系统为代价进行发展。为此，本书引入三元系统的协调发展模型来分析海洋复合系统承载力之间的关系变化是否合理，是否满足可持续发展。

本书认为，海洋资源环境经济复合系统承载力本质上来说是一种在当前资源环境经济约束下可以承载（满足）人或物（可持续发展）的能力。该承载力既包含了绝对值上的数量承载力，也包含了承载能力、各子系统协调发展的一种发展态势，后者相当于相对承载力。

第二节　理论基础、指标体系与数据来源

一、理论基础

（一）EKC假说

EKC假说（Kuznets，1955；Grossman and Krueger，1995）是用以描述环境与经济发展之间的动态变化关系的经典假说（图6.2）：第一阶段，人类社会经济发展初期，人均GDP较少，此时由于人类对环境的干扰程度较低，因此环境破坏程度低；第二阶段，随着人类向自然索取资源，人均GDP迅速增长，但排放的废弃物导致对环境的破坏，且环境破坏程度也随之加重；第三阶段，人们意识到保护环境的重要性，并且经济的发展带来了科技水平的进步，环境污染得到遏制和改善，环境破坏程度降低。三个阶段的动态过程形成了一个类似倒U形的曲线。

本章将EKC假说引用到海洋领域，认为海洋资源环境经济复合系统承载力演变轨迹可能呈C形（图6.3）。一开始海洋经济处于低水平，人类干预少，海洋环境质量较好，海洋资源相对丰富，海洋资源系统承载力和海洋环境系统承载力相对较高（a附近）；随着人类活动不断向海洋深入，海洋经济逐渐发展起来，同时海洋经济活动产生的废弃物涌向海洋，海洋环境开始恶化，海洋资源在支撑海洋经济发展中因不断消耗而逐渐减少（b附近）；随着海洋经济继续发展，产业结构不断优化升级，海洋经济系统承载力继续上升，同时带来相关技

术的进步，为海洋环境改善提供了资金和技术保证，海洋资源也逐渐被合理利用，海洋资源开发效率提高、开发成本降低以及海洋新能源开发等又提高了海洋资源系统承载力，最终海洋资源环境经济复合系统承载力达到较高水平和良好协调状态（c附近）。但在海洋经济发展过程中，海洋资源环境都有一定的承载能力，严重超过海洋资源环境的承受能力，海洋资源环境将难以恢复，最终反向作用于海洋经济，结果导致海洋经济发展畸形、生态环境恶化、海洋资源枯竭（由b向d方向发展）。避免海洋资源环境经济复合系统恶性发展，需要明确海洋资源环境经济复合系统的承载能力、承载力变化趋势和协调情况以及寻找阻碍承载力良性发展的原因。

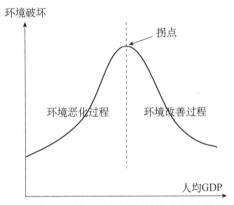

图6.2　环境EKC机理（环境与经济发展关系机理）

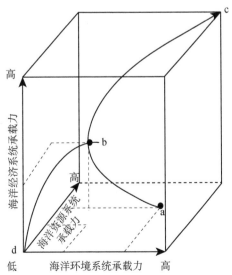

图6.3　基于EKC的海洋资源环境经济复合系统承载力动态演变机理

（二）海洋复合系统协调发展机理

海洋复合系统协调发展的具体含义为海洋经济、海洋环境及海洋资源三个子系统彼此间有机配合、互相支撑，不以牺牲其他子系统为代价发展自身的良性互进状态。海洋子系统协调发展机理如图6.4所示。

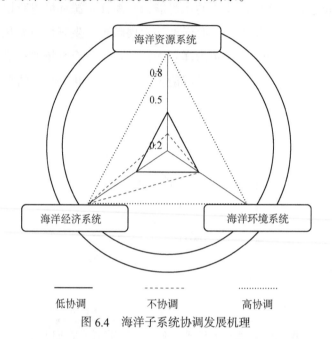

图 6.4　海洋子系统协调发展机理

海洋子系统协调发展包含三层意思：发展、协调和协调发展。①发展层面：海洋资源系统通过自然资源（海洋石油、天然气等）和人造资源（海水养殖生物资源等）支撑海洋经济发展，海洋经济发展中的总量增加、产业结构调整、投资等从资源开发、利用效率和规模等影响海洋资源量；海洋环境是经济发展的载体，经济发展过程中产生的废弃物会冲击海洋环境，但同时技术的提高会改善海洋环境；海洋资源存在于海洋环境中，海洋资源和海洋环境是一个密不可分的自然生态系统。②协调层面：当海洋子系统间发展出现不平衡时便产生了不协调，意味着某一子系统的发展在一定程度上损害了另一子系统的发展（图6.4不协调）；相反，海洋子系统间发展得平衡时便产生了协调，意味着某一子系统的发展在一定程度上促进了另一个子系统的发展。③协调发展层面：追求海洋发展时，不单是追求发展或协调，而是兼顾二者发展，即在子系统间协调程度很高时，同时存在低水平协调发展（图6.4低协调）和高水平协调发展（图6.4高协调），而在发展过程中需要探索的发展模式应是后者。

二、指标体系与数据来源

（一）指标体系

依据整体性、科学性和可比性等原则，本书在结合魏超等（2013）、封志明等（2017）等相关研究的基础上确定指标体系，本指标体系侧重于评估海洋复合系统对人类发展的支撑作用：海洋经济系统通过海洋经济总产值增加率、海岸线经济密度、人均海洋经济生产总值等直接反映生活水平和通过海洋产业结构、科研投入等反映海洋产业格局，进而反映海洋经济系统支撑能力的合理性；海洋环境系统通过主要污染物排放量和污染治理等显示海洋环境状况，进而反映支撑人类生存和发展的能力；海洋资源系统是支撑人类生存与发展的基础，海洋资源的丰富度影响着海洋经济水平和生活水平。

在指标权重的确定上，主观确定权重的方法虽然有利于人为鉴别数据的价值以及实现一定的预定衡量目标，但容易忽略客观数据本身的价值；客观确定权重的方法有利于客观表现事物的本质，但缺点是实质上依赖于数据本身的"差异"，无法避免数据"异常"造成的偏差结果。因此本章采用层次分析法的主观赋权和熵值法的客观赋权来确定指标权重。最终确定的指标体系和指标权重如表 6.1 所示。

表6.1　海洋资源环境经济复合系统承载力指标体系

系统层	准则层	指标层	层次分析法（主观权重）	熵值法（客观权重）	综合权重
海洋资源系统	海域、岸线资源	人均海岸线长度/米	0.0616	0.0473	0.0544
		人均海域面积/平方米	0.0328	0.0408	0.0368
	渔业资源	单位养殖面积养殖产量/（万吨/公顷）	0.0354	0.0334	0.0344
		人均海水产品产量/千克	0.0266	0.0356	0.0311
		海水养殖面积/公顷	0.0283	0.0361	0.0321
	货物吞吐	沿海港口货物吞吐量/万标准箱	0.0544	0.0434	0.0489
	矿产资源	人均海洋原油产量/吨	0.0354	0.0387	0.037
		人均海洋天然气产量/立方米	0.0328	0.0365	0.0347
	盐业资源	人均海盐产量/吨	0.0248	0.0428	0.0338
海洋环境系统	污染排放	工业废水直排入海量/万吨	0.0591	0.0402	0.0497
		化学需氧量排放总量/万吨	0.0497	0.0477	0.0487
		氨氮排放总量/万吨	0.0473	0.0458	0.0466

续表

系统层	准则层	指标层	层次分析法（主观权重）	熵值法（客观权重）	综合权重
海洋环境系统	污染治理	工业废水达标排放率/%	0.0433	0.0387	0.0410
		工业废水处理能力/（百万吨/台）	0.0397	0.0397	0.0397
		固体废弃物综合利用率/%	0.0364	0.0394	0.0379
	污染面积	海洋污染面积/平方千米	0.0183	0.0399	0.0291
	环境投资	环保投资占 GDP 比重/%	0.0364	0.0391	0.0378
海洋经济系统	海洋经济规模	沿海地区海洋经济产值占 GDP 的比重/%	0.0678	0.0448	0.0563
		海岸线经济密度/（亿元/千米）	0.0622	0.0381	0.0502
		人均海洋经济生产总值/万元	0.0591	0.0381	0.0486
	经济变化	海洋经济总产值增加率/%	0.0486	0.0346	0.0416
	经济结构	海洋第三产业比重/%	0.0242	0.0381	0.0312
		海洋第二产业比重/%	0.0152	0.0433	0.0293
	海洋科研实力	人均海洋科研经费/元	0.0288	0.0402	0.0345
		海洋科研实力（无量纲归一化值）	0.0318	0.0377	0.0348

（二）分级标准的确定

韦伯-费希纳（W-F）定律最早由韦伯和费希纳提出，其本质反映了心理量与物理量之间的数量关系，揭示了刺激量的变化对各种感知的变化是由量变到质变的过程规律。本章引入 W-F 定律用以计算我国沿海 11 个省份的海洋资源环境经济复合系统承载力各项指标的分级标准。将评价海洋资源环境经济复合系统的各项综合指标作为外界的刺激量 c，将承载力的等级变化对应于外界刺激量 c 的反映量 k，根据 W-F 定律，k 与 c 存在以下关系：

$$k = a\log c \tag{6.1}$$

其中 a 为韦伯常数。经过推导以及已有研究成果，若将指标 i 分成五级，不难得到：

$$a_i = (c_{id} / c_{i0})^{\frac{1}{6}} \tag{6.2}$$

其中 a_i 为指标 i 在同一等级上下界阈重要程度的比值，c_{id} 是对应于 i 指标的最高级别的上限阈值，c_{i0} 是对应于 i 指标的最低级别的下限域值。

本章引入 W-F 定律，并参考孙才志等（2014）的研究，对中国海洋资源环境经济复合系统 25 个指标进行承载力评价分级的范围界定，承载力分级评价标准如表 6.2 所示。

表 6.2　海洋资源环境经济复合系统承载力分级评价标准

子系统	指标代码	指标类型	一级（超高承载力）	二级（较高承载力）	三级（中等承载力）	四级（较低承载力）	五级（极低承载力）
海洋资源系统	人均海岸线长度/米	正	0.302~0.816	0.122~0.302	0.049~0.122	0.02~0.049	0.008~0.02
	人均海域面积/平方米	正	>18.3	3.3~18.3	0.6~3.3	0.11~0.6	0~0.11
	单位养殖面积产量/（万吨/公顷）	正	359~4 920	26~359	2~26	0.14~2	0~0.14
	人均海水产品产量/千克	正	153~587	41~153	11~41	3~11	0~3
	海水养殖面积/公顷	正	>24 000	609~24 000	15~609	0.4~15	0~0.4
	沿海港口货物吞吐量/万标准箱	正	1 536~4 753	519~1 536	175~519	59~175	20~59
	人均海洋原油产量/吨	正	1 785~29 612	108~1 785	6.5~108	0.4~6.5	0~0.4
	人均海洋天然气产量/立方米	正	71.73~528.77	9.62~71.73	1.3~9.62	0.17~1.3	0~0.17
	人均海盐产量/吨	正	>680	60~680	5.3~60	0.5~5.3	0~0.5
海洋环境系统	工业废水直排入海量/万吨	负	0~11	11~120	120~1 250	1 250~13 350	>13 350
	化学需氧量排放量/万吨	负	9~17	17~31	31~57	57~105	105~199
	氨氮排放总量/万吨	负	0.76~1.4	1.4~2.7	2.7~5.4	5.4~10.7	10.7~23.1
	工业废水达标排放率/%	正	90~100	81~90	73~81	65~73	<65
	工业废水处理能力/（百万吨/台）	正	3.09~5.83	1.67~3.09	0.9~1.67	0.48~0.9	0~0.48
	固体废弃物综合利用率/%	正	84~100	72~84	61~72	52~61	44~52
	海洋污染弃量/平方千米	负	0~1	1~16	16~256	256~4 092	>4 092
	环保投资占 GDP 比重/%	正	>2.05	1.4~2.05	0.95~1.4	0.65~0.95	0.44~0.65
海洋经济系统	沿海地区海洋经济产值占 GDP 的比重/%	正	>26	17.2~26	11.4~17.2	7.6~11.4	<7.6
	海岸线海洋经济密度/（亿元/千米）	正	>13.4	4.6~13.4	1.6~4.6	0.6~1.6	<0.6
	人均海洋经济生产总值/万元	正	>30 000	20 000~30 000	12 000~20 000	8 000~12 000	<8 000
	海洋经济总产值增加率/%	正	>24	16~24	9~16	0~9	<0
	海洋第三产业比重/%	正	54~64	47~54	41~47	36~41	31~36
	海洋第二产业比重/%	负	36~41	41~47	47~53	53~61	61~69
	人均海洋科研经费/元	正	>860	344~860	138~344	55~138	0~55
	海洋科研实力（无量纲归一化值）	正	0.597~1	0.356~0.597	0.212~0.356	0.126~0.212	0~0.126

注：该表格中数值范围均为左开右闭区间。

（三）数据来源

本章数据来源于历年的《中国海洋统计年鉴》、《中国环境统计年鉴》、《中国国土资源统计年鉴》、《中国统计年鉴》、《中国城市统计年鉴》和《中国省市经济发展年鉴》，以及沿海11个省份的相关统计年鉴和统计公报。

第三节　中国海洋复合系统承载力时空变化研究及影响因素分析

一、可变模糊识别模型

海洋资源环境经济复合系统承载力的研究过程是多指标、非线性的复杂过程。本章选用可变模糊识别模型，该模型能够科学合理地确定样本指标对各级指标标准区间的相对隶属度，且能通过变化模型及其参数组成四个新模型，分别对同一事物取平均值进行评价，提高了评价结果的可信度和准确性，分级标准见表6.3。

表6.3　承载力特征值评价标准

承载力特征值所属范围	承载力评定标准
[1，1.5]	高承载力
(1.5，2.5)	较高承载力
[2.5，3]	中等承载力
(3，4)	较低承载力
[4，5]	低承载力

二、中国海洋复合系统承载力时序变化特征

将中国沿海11个省份海洋资源环境经济指标体系数据（2006～2015年）结合评价标准代入可变模糊识别公式[式（5.1）]，计算承载力特征值，计算结果如表6.4和表6.5所示。

表6.4　2006～2015年中国海洋复合系统承载力特征值

可变参数	2006年	2007年	2008年	2009年	2010年	2011年	2012年	2013年	2014年	2015年
$\alpha=1$, $p=1$	2.878	2.791	2.803	2.782	2.684	2.818	2.868	2.750	2.724	2.626
$\alpha=1$, $p=2$	2.957	2.910	2.916	2.898	2.832	2.912	2.971	2.888	2.871	2.805
$\alpha=2$, $p=1$	2.752	2.599	2.619	2.609	2.451	2.627	2.758	2.535	2.491	2.433
$\alpha=2$, $p=2$	2.904	2.807	2.814	2.793	2.658	2.795	2.923	2.746	2.725	2.591
平均值	2.873	2.777	2.788	2.770	2.657	2.788	2.880	2.730	2.703	2.614

表6.5　2006～2015年中国沿海地区海洋复合系统承载力特征值空间分布

年份	天津市	河北省	辽宁省	上海市	江苏省	浙江省	福建省	山东省	广东省	广西壮族自治区	海南省
2006	2.225	3.389	2.994	2.367	3.106	3.007	3.007	2.801	2.894	3.405	2.404
2007	2.161	3.134	3.063	2.304	3.016	2.862	2.825	2.663	2.854	3.293	2.371
2008	2.115	3.169	2.990	2.505	3.024	2.689	2.940	2.600	2.918	3.338	2.379
2009	2.168	3.353	2.894	2.444	2.930	2.921	2.815	2.665	2.773	3.257	2.253
2010	2.039	3.118	2.766	2.362	2.832	2.854	2.809	2.611	2.595	3.167	2.067
2011	1.918	3.316	2.636	2.640	2.859	2.955	2.871	2.872	2.841	3.448	2.311
2012	2.193	3.355	2.812	2.850	2.984	3.017	2.968	2.758	2.903	3.345	2.490
2013	2.002	3.270	2.750	2.484	2.922	3.014	2.785	2.560	2.752	3.106	2.382
2014	2.089	3.056	2.769	2.643	2.824	2.909	2.785	2.534	2.666	3.012	2.443
2015	2.663	2.232	2.261	2.744	2.282	2.446	2.363	2.173	2.467	2.343	2.302

由表6.4可知，中国海洋复合系统承载力的时序变化总体呈先升后降再升的N形波动上升规律，大体分为三个阶段。第一阶段（2006～2010年）为上升阶段，海洋复合系统承载力特征值平均值由2.873下降到2.657，年均下降1.5%。该阶段处于中国海洋"十一五"规划阶段，沿海各地区重视海洋经济建设，实行"海洋战略"，因此海洋经济发展较快，海洋经济系统承载能力有所提高。海洋科研和环保投入的增加不仅推动了海洋经济的发展，还带动了海洋环境的改善，促进了海洋资源效率，使其显著提高，与此同时，海洋环境系统承载力、海洋资源系统承载力也有所提高。第二阶段（2010～2012年）为下降阶段，海洋复合系统承载力特征值平均值由2.657上升到2.880，年均上升4.11%。这一阶段正处于2008年国际金融危机的后效作用影响阶段，海洋对外贸易、海洋交通运输、海洋物流业甚至海洋旅游业和海洋服务业都受到了一定的冲击，降低了海洋经济系统的承载能力。同时频繁的海洋自然灾害（2011年的台风洛克、2010年的台风梅姬）和海洋环境污染人为因素（辽宁大连漏油事件、大亚湾核电站泄漏事件、福建紫金矿业污染事件）给海洋环境系统承载能力带来了不利

影响，进而导致海洋复合系统承载力有所下降。第三阶段（2012～2015年）为上升阶段，承载力特征值由2.880下降到2.614，年均下降3.18%。国际金融危机后效作用影响逐渐减小，同时沿海地区加大了对海洋经济发展的重视，人们的海洋意识进一步提高，推动海洋经济的发展，海洋经济系统承载力有所提高。海洋环境的不断恶化引起了有关部门的重视，政府开始加大对海洋环境的治理力度，提高了海洋环境系统的承载能力；海洋风能等海洋清洁可再生能源的开发和利用，提高了海洋资源系统的承载能力，共同促使海洋复合系统承载力重新向良好方向转变。

2006～2015年的海洋复合系统承载力时序变化特征反映了海洋复合系统承载力有所提高，尽管在2010年附近出现波动，但海洋复合系统承载力仍在可控范围内，并向着良好态势发展。海洋复合系统承载力的良性发展态势反映了人们海洋保护意识的提高，即在大力发展海洋经济的同时，注重海洋环境的保护以及海洋资源的可持续开发和利用。

三、中国海洋复合系统承载力空间分布格局

由表6.5可知，中国海洋复合系统承载力特征值的空间分异明显，北部天津市、中部上海市、南部海南省三地区的海洋复合系统承载力较高，呈北中南"三足鼎立"格局。北部的天津市、中部的上海市、南部的海南省2006～2015年的海洋复合系统承载力特征值平均值分别为2.157、2.534、2.340，总体属于较高承载力水平。天津市是中国北方最重要的港口城市，区位优势突出、海洋资源丰富，优越的区位优势和自然条件促进了其海洋经济的快速发展，并为海洋环境的治理、海洋新能源开发与利用提供了资金和技术保证；上海市是我国重要的海洋贸易枢纽城市，也是江海联运的重要城市，优越的条件加上政策的倾斜，促使上海市经济迅速发展并形成了以第三产业为主的现代产业结构体系，海洋经济发展不以消耗海洋资源为前提，因此海洋污染较少；海南省是中国重要的旅游地，其海洋经济以海洋第三产业为主，海洋环境污染较少，海洋环境承载力较高，同时海南省地广人稀，人均海洋资源占有量具有明显优势，海洋资源承载力水平较高，三大子系统共同促进海洋复合系统承载力的提高。

除上海市和天津市以外，其余各地区承载力均呈现波动上升的趋势。2006年，中国海洋复合系统承载力水平较高、中等、较低的地区分别为3个、3个、

5个；2010年，承载力中等水平地区由3个增加到6个，承载力水平较低的地区由5个减少到2个，江苏省、浙江省、福建省三个地区承载力水平显著提升，由较低水平发展到中等水平；2015年，较高承载力、中等承载力、较低承载力的地区分别为9个、2个、0个。天津市和上海市海洋复合系统承载力有明显下降，从较高承载力转变为中等承载力，外向型经济受国际经济变化影响较大，同时海洋资源人均占有量不足，制约了海洋复合系统承载力；2015年，海南省海洋复合系统承载力比2010年略有下降，海南省海洋复合系统承载力水平起点较高，海洋经济发展主要依靠良好的海洋环境和丰富的海洋资源，近年来大量利用海洋资源来发展海洋经济，在一定程度上释放了海洋资源潜能，同时也加剧了海洋环境污染，制约了其海洋资源环境经济复合系统承载力的提高。

四、中国海洋复合系统承载力分解分析

海洋资源系统、海洋环境系统、海洋经济系统是海洋复合系统的三个子系统，为深入探究中国海洋资源环境经济复合系统承载力的时空规律，我们需对复合系统进行分解分析（图6.5）。

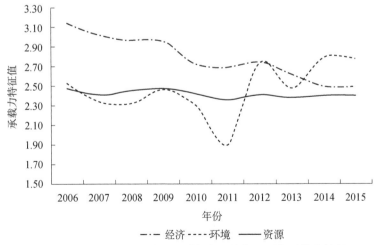

图6.5　2006～2015年中国海洋复合系统各子系统承载力情况

（一）海洋资源系统承载力时空演变特征

由图6.5所示，中国海洋资源系统承载力基本上处于较高承载力，主要分为两个阶段：第一阶段（2006～2011年）承载力特征值由2.48上升到2.36，主要

原因是海洋经济在宏观政策的指导下向着集约化的方向发展，资源利用效率显著提高，人均海洋原油产量、人均海洋天然气产量由0.13吨、24立方米分别上升到0.26吨和26立方米；第二阶段（2011～2015年）海洋资源系统承载力略有下降，原因是新一轮海洋经济发展加大了对海洋资源的消耗量，但在科学发展观指导下，总体上海洋资源系统承载力还在可控范围之内。从2006～2015年的海洋资源系统承载力变化情况来看，海洋资源系统承载力总体变化稳定，这也与现实情况相吻合，即海洋资源在短期内的承载力不会发生较大变化。但随着海洋资源的消耗，海洋资源系统承载力势必有下降的时期，因此仍需要时刻警惕，应从现有资源的保护和集约利用以及开发海洋可替代、新能源两个角度入手解决。

从各地区来看（图6.6），2006～2015年海洋资源系统承载力较高的地区是山东省（平均值为2.17）和河北省（平均值为2.21），山东省承载力特征值从2006年的2.27到2015年的2.19，河北省承载力特征值从2006年的2.37到2015年的2.24，一直都处于较高的承载力水平，其中山东省和河北省承载力都在2011年达到最高，分别为2.14和2.20，总体来看两地区无论是资源总量还是人均占有量都有优势；天津市、上海市、广东省三个地区的海洋资源系统承载力较低，平均值分别为2.71、2.80、2.50，属于中等承载力水平，主要原因是三地区的人均海域面积、人均海岸线长度不到全国平均水平的10%。天津和上海承载力特征值在2006年到2015年分别从2.79、2.88降为2.67、2.77。具体来看，天津市和上海市两地的海洋空间资源和海洋自然资源均存在不足，广东省承载力从2006年（特征值为2.56）到2015年（特征值为2.47），增长较缓慢，其中

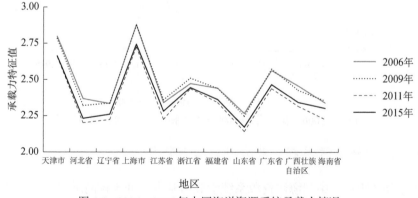

图6.6　2006～2015年中国海洋资源系统承载力情况

2011年达到最高，特征值为2.44。广东省地区沿海人口众多，导致人均海洋资源占有量不足。三地区都凸显了人均海洋资源不足限制海洋资源系统承载力发展的特点。

（二）海洋环境系统承载力时空演变特征

由图6.5可知，中国海洋环境系统承载力呈曲线下降的变化趋势。2006～2011年海洋环境系统承载力特征值由2.52升到1.90，2006～2010是中国海洋"十一五"规划阶段，海洋环境建设取得初步成效。但自2011年以后，海洋环境有恶化趋势，承载力特征值由2011年的1.90下降到2015年的2.78，可能是由于新一轮海洋"十二五"规划加快了海洋经济发展，而新的海洋经济发展带来了新的海洋环境恶化。这些变化需要引起我们的重视，由库兹涅茨曲线理论可知，海洋环境变化与经济不断发展之间有一个拐点，在这个关键拐点处要注意海洋环境的保护，避免海洋环境继续恶化和陷入"经济发展带来不可逆的环境恶化"的陷阱中。

为了更好地展示演变趋势，选取了2006年、2009年、2011年和2015年的数据。空间上（图6.7），天津市、海南省两地的海洋环境系统承载力较高，其特征值分别从2006年的1.95和1.82增长到2015年的2.11和2.26，虽然处于较高的承载力水平，但承载力呈现下降的趋势。天津市环保投资较大，海洋环境的治理力度较大，污染物排放总量较少，因此海洋环境系统承载力较高；海南省海洋环境系统承载力较高的原因可能和海南省的海洋产业结构有关，海南省海洋经济初期的发展重点是污染较少的第一、第三产业，整体上污染物排放并不多，因此海洋环境系统承载力较高。广西壮族自治区、江苏省、辽宁省三地的海洋环境系统承载力处于中国沿海地区的后三位，2016年其特征值分别为2.83、2.71和2.58，均属于中等承载力水平，广西壮族自治区海洋经济发展较为粗犷，海洋集约利用程度不高，2011年承载力特征值达到2.63，而后承载力一直呈下降趋势，到2015年最低，承载力特征值达3.10，属于较低水平；辽宁省和江苏省的第二产业比重较高，尤其是辽宁省是中国传统工业强省，陆地的工业体系对海洋的产业体系可能产生一定影响，工业转型尚未完成，近年来环境恶化比较明显，因此承载力都受到影响。在2015年，辽宁省和江苏省承载力特征值分别为2.51和2.69，都刚刚达到中等水平。此外，三地区的海洋污染物排放都较多，同时海洋环保投资也较低，多年平均值仅有1%左右，也就导致海洋

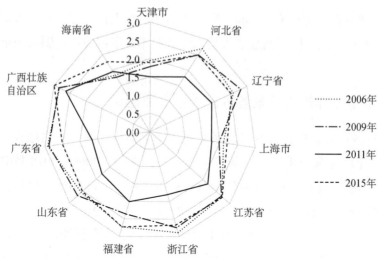

图 6.7　2006～2015 年中国海洋环境系统承载力特征值情况

环境系统承载力都不高。

（三）海洋经济系统承载力时空演变特征

由图6.5可知，整体来看，中国海洋经济系统承载力在2006～2015年的时序变化呈波动上升趋势，海洋经济系统承载力特征值由3.14上升到2.49，这是中国大力发展海洋经济的结果；2011年前后出现波动，受到2008年国际金融危机后效作用影响，海洋经济增长速度较上年放缓2.5%，承载力特征值由2011年的2.69下降到2012年的2.74。从中国海洋经济系统承载力的变化趋势和波动来看，虽然海洋经济系统承载力在个别年份发生下降，但并没有出现大的倒退，说明中国海洋经济系统承载力总体可控，并且具有一定规模和稳定性。

空间上（图6.8），天津市、上海市、海南省三个地区海洋经济系统承载力水平较高，承载力特征值平均值分别为1.94、1.59、1.86，这三个地区的海洋经济比重较大，占地区总GDP的1/4强；三个地区的人均海洋经济生产总值也是中国沿海地区的前三强，天津市和上海市两地由于海洋经济总量较大，沿海人口数量相比于其他地区也较少，因此人均海洋经济生产总值较高，经济系统承载力波动也相对较小，天津市承载力特征值从2006年的2.18变为2015年的1.66，上海市载力特征值从2006年的1.82变为2015年的1.90，海洋经济承载力都属于较高水平。海南省海洋经济生产总值总量虽然不多，但人口规模小，因此人均海洋经济生产总值也较高，海洋经济承载力持续上升，2016年承载力特

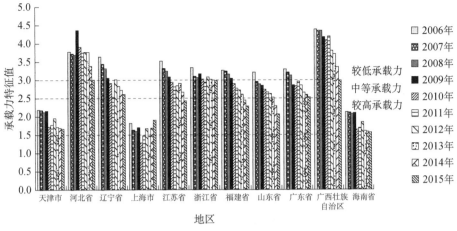

图 6.8　2006～2015 年中国海洋经济系统承载力情况

征值达到 1.56。除河北省、广西壮族自治区以外的大部分地区，海洋经济系统
承载力由较低水平发展到中等水平；河北省和广西壮族自治区的海洋经济承载
力处于较低水平，其特征值平均值分别为 3.79 和 4.05，主要原因是两地海洋经
济发展不足，缺少较为大型和综合的沿海城市或者沿海产业，海洋经济生产总
值仅占 5.7% 和 5.2%，人均海洋经济生产总值、海洋科研实力也处于沿海地区的
后两位。2015 年，河北省、广西壮族自治区的承载力水平有所增高，承载力特
征值分别为 3.01 和 2.99，原因是国家政策的倾斜，其海洋经济发展速度有较大
提升。

五、中国海洋复合系统承载力影响因素分析

（一）灰色关联模型

对两个系统或者因素之间关联性大小的度量，称为关联度。在系统发展的
过程中，如果两个因素变化的趋势具有一定规律，则二者关联程度较高；反之
则二者关联性就较低。海洋资源环境经济复合系统是一个互相影响的系统，一
个子系统在作用于另一个子系统的同时，不但受到另一个子系统的被动反作
用，还受到其他系统的主动作用。其具体表现为一个子系统内部各要素与另一
个子系统内部各要素之间的互相作用，其变化过程复杂多样，很多因素的变化
趋势处于"灰色状态"，因此在探究系统内部各要素的关联性问题时，灰色关联
分析具有明显的优势。

（二）中国海洋复合系统承载力影响因素关联分析

采用灰色关联模型计算中国海洋复合系统承载力的影响因子，需找出关联度最大的9个因素，结果如表6.6所示。

天津市海洋经济系统承载力、海洋环境系统承载力、海洋资源系统承载力对海洋复合系统承载力均产生影响。其中驱动海洋复合系统承载力良性发展的海洋经济系统因素是沿海地区海洋经济产值占GDP的比重（灰色关联系数为0.783）较大，沿海地区海洋经济产值占GDP的比重超过1/3强，此外，天津市海洋科研实力（灰色关联系数为0.728）强劲，也促进了海洋经济系统的发展，进而对海洋复合系统承载力的提高产生了正面作用；海洋环境系统承载力方面，主要原因是固体废弃物综合利用率（灰色关联系数为0.776）较高，促进了海洋环境系统的承载力；海洋资源系统承载力方面，主要原因是单位养殖面积养殖产量较大等因素促进了海洋资源系统承载力。同时应注意，较高的海洋第二产业比重（天津市海洋第二产业占比约为63%）以及人均海岸线长度的不足（天津市人均海岸线长度仅为全国人均水平的10%左右）等阻碍了天津市海洋复合系统承载力的良性发展。因此，天津市应从发挥海洋经济规模优势，以及寻找新能源、优化空间布局等方面入手解决。

河北省海洋复合系统承载力较低的主要原因是海洋资源系统和海洋经济系统发展不足。具体来看，海洋资源系统中的非矿产类资源不足，如人均海岸线长度（灰色关联系数为0.913）不足、人均海水产品产量（灰色关联系数为0.827）不足。这一现实情况与海洋经济系统发展不足互相印证，河北省海洋经济系统发展不足，海洋第二、第三产业比重（灰色关联系数分别为0.855和0.897）过高，加之人均海岸线长度不足，挤占了海洋第一产业的发展空间，同时海洋科研实力（灰色关联系数为0.851）也有限。

辽宁省海洋复合系统承载力主要受海洋环境系统承载力较低影响，辽宁省的工业废水达标排放率（灰色关联系数为0.855）相比于其他沿海地区尚有较大的提升空间，工业废水直排入海量（灰色关联系数为0.769）相比于其他地区也较多。

上海市海洋复合系统承载力较高的原因是海洋经济系统和海洋环境系统的贡献，上海市海洋经济规模大、海洋科研实力（灰色关联系数为0.918）强、海洋环境治理较好，但也应注意到，上海市的海洋产业结构较为单一，遭受外部

表 6.6　中国海洋复合系统承载力的关键影响因素

地区	海洋经济系统承载力 (0.725)			海洋环境系统承载力 (0.579)			海洋资源系统承载力 (0.866)		
天津市	沿海地区海洋经济产值占GDP的比重 (0.783)	海洋科研实力 (0.728)	海洋第二产业比重 (0.769)	固体废弃物综合利用率 (0.776)	工业废水达标排放率 (0.735)	环保投资占GDP比重 (0.558)	单位养殖面积养殖产量 (0.657)	沿海港口货物吞吐量 (0.597)	人均海岸线长度 (0.569)
河北省	海洋第二产业比重 (0.855)	海洋科研实力 (0.851)	海洋第三产业比重 (0.897)	工业废水达标率 (0.900)	工业废水处理能力 (0.774)	固体废弃物综合利用率 (0.759)	人均海岸线长度 (0.913)	沿海港口货物吞吐量 (0.912)	人均海水产品产量 (0.827)
辽宁省	沿海地区海洋经济产值占GDP的比重 (0.822)	海洋第二产业比重 (0.736)	海洋第三产业比重 (0.763)	工业废水达标排放率 (0.855)	工业废水直排入海量 (0.769)	固体废弃物综合利用率 (0.686)	人均海岸线长度 (0.900)	人均海水产品产量 (0.709)	沿海港口货物吞吐量 (0.697)
上海市	海洋科研实力 (0.918)	海洋第二产业比重 (0.892)	海洋第三产业比重 (0.917)	固体废弃物综合利用率 (0.952)	工业废水达标排放率 (0.928)	化学需氧量排放总量 (0.913)	人均海域面积 (0.866)	人均海盐产量 (0.824)	人均海洋天然气产量 (0.802)
江苏省	海洋第三产业比重 (0.904)	沿海地区海洋经济产值占GDP的比重 (0.856)	海洋第二产业比重 (0.882)	固体废弃物综合利用率 (0.931)	环保投资占GDP的比重 (0.916)	工业废水达标排放率 (0.832)	沿海港口货物吞吐量 (0.948)	人均海洋原油产量 (0.948)	人均海洋天然气产量 (0.948)
浙江省	海洋第三产业比重 (0.822)	海洋科研实力 (0.768)	海洋第二产业比重 (0.731)	固体废弃物综合利用率 (0.873)	工业废水达标率 (0.751)	工业废水处理能力 (0.613)	沿海港口货物吞吐量 (0.727)	人均海洋原油产量 (0.727)	人均海洋天然气产量 (0.727)
福建省	沿海地区海洋经济产值占GDP的比重 (0.940)	海洋第二产业比重 (0.833)	海洋第三产业比重 (0.863)	固体废弃物综合利用率 (0.850)	工业废水达标排放率 (0.821)	工业废水处理能力 (0.734)	单位养殖面积养殖产量 (0.849)	人均海洋原油产量 (0.840)	人均海洋天然气产量 (0.840)

续表

地区	海洋经济系统承载力（0.725）			海洋环境系统承载力（0.579）			海洋资源系统承载力（0.866）		
山东省	海洋第三产业比重（0.905）	沿海地区海洋经济产值占GDP的比重（0.879）	海洋第二产业比重（0.863）	环保投资占GDP比重（0.892）	固体废弃物综合利用率（0.881）	工业废水达标排放率（0.880）	单位养殖面积养殖产量（0.868）	沿海港口货物吞吐量（0.860）	人均海岸线长度（0.850）
广东省	海洋第三产业比重（0.900）	沿海地区海洋经济产值占GDP的比重（0.875）	海洋第二产业比重（0.877）	固体废弃物综合利用率（0.909）	工业废水达标排放率（0.889）	工业废水处理能力（0.688）	海水养殖面积产量（0.867）	人均海水产品产量（0.812）	单位养殖面积养殖产量（0.812）
广西壮族自治区	海洋第三产业比重（0.926）	沿海地区海洋经济产值占GDP的比重（0.895）	海洋科研实力（0.642）	环保投资占GDP比重（0.801）	固体废弃物综合利用率（0.792）	工业废水达标排放率（0.778）	人均海岸线长度（0.934）	沿海港口货物吞吐量（0.934）	人均海洋原油产量（0.934）
海南省	海洋第三产业比重（0.922）	沿海地区海洋经济产值占GDP的比重（0.886）	海洋经济总产值增加率（0.816）	工业废水达标排放率（0.887）	固体废弃物综合利用率（0.871）	工业废水处理能力（0.758）	海水养殖面积（0.812）	沿海港口货物吞吐量（0.822）	人均海洋原油产量（0.822）

注：表内括号内数值表示灰色关联系数。

经济风险的可能性大，且海洋资源系统承载力发展不足，人均海洋自然资源不足（人均海域面积不足，灰色关联系数为 0.866；人均海盐产量不足，灰色关联系数为 0.824）等，应多方位发展海洋产业以提高抵抗海洋经济风险的能力，并利用先进技术，开发和利用新能源。

江苏省、福建省、广西壮族自治区人均海洋资源量不足（人均海洋原油产量不足，其灰色关联系数分别为 0.948、0.840 和 0.934），其海洋经济结构也不尽合理，海洋第三产业比重（关联系数分别为 0.904、0.940 和 0.926）过小，发展时也应该扬长避短，结合本地的区位优势，避免产业趋同，发展相对优势产业。

阻碍浙江省和广东省两地海洋复合系统承载力良性发展的原因是海洋第二产业比重（关联系数分别为 0.731 和 0.877）过高，产业结构重心偏向第二产业，加重了海洋资源环境的负担，应引导产业结构向"三二一"结构转变。

山东省海洋复合系统承载力近年来提升速度较快，海洋第三产业比重（灰色关联系数为 0.905）显著提高，环保投资占 GDP 比重（灰色关联系数为 0.892）不断增加，应继续发挥海洋优势，保持多元化和对外交流，打造本土品牌并使其走向世界。

海南省海洋复合系统承载力虽然水平较高，但发展趋势并不乐观，以旅游业为主的第三产业比重近 60%，不利于抵抗外部经济的风险（海洋第三产业比重灰色关联系数为 0.922），应加强自身的经济结构稳定性，合理范围内发展多元经济，避免只发展片面的几种产业。

第四节 中国海洋复合系统承载力协调发展分析与调控

一、复合系统协调度模型和协调发展度模型

中国海洋资源环境经济复合系统承载力特征值的变化反映了承载力的时空变化趋势，研究它的最终目的是指导中国海洋资源环境经济复合系统可持续发展，但海洋资源环境经济复合系统承载力水平的提高既可能是三个子系统间协调稳步的提高，又可能是单或双子系统承载力的提高牵引复合系统承载力的提

高，因此需要深入探究中国海洋复合系统承载力协调发展情况，全面而深入地探索中国海洋资源环境经济复合系统承载力发展规律。

为进一步研究海洋资源系统、海洋环境系统与海洋经济系统承载力之间的相互协调关系，更好地反映海洋复合系统发展的状态，引入三元系统协调发展度模型进行测算，公式如下：

$$D_m = \sqrt{C_m \times T_m}\ ; \quad C_m = \left\{ \frac{u_1 u_2 u_3}{\left[(u_1 + u_2 + u_3)/3 \right]^3} \right\}\ ; \quad T_m = \alpha u_1 + \beta u_2 + \gamma u_3 \quad （6.3）$$

式中，D_m 为协调发展度；C_m 为协调度；T_m 为发展度；α、β、γ 为待定权重；u_1、u_2、u_3 分别为海洋资源系统、海洋环境系统、海洋经济系统承载力特征值的倒数。

二、中国海洋复合系统承载力协调性分析

本书在已有海洋双系统的研究基础上，将海洋复合系统考虑在内进行更加深入的协调性研究，以充分反映海洋子系统承载力间的变化关系的规律。将海洋资源系统、海洋环境系统、海洋经济系统三个系统的承载力特征值数据代入式（6.3），结果如表6.7所示。

表6.7　2006～2014年中国沿海地区海洋复合系统承载力协调度计算结果

年份	天津市	河北省	辽宁省	上海市	江苏省	浙江省	福建省	山东省	广东省	广西壮族自治区	海南省
2006	0.988	0.981	0.981	0.981	0.986	0.993	0.993	0.989	0.995	0.969	0.995
2007	0.986	0.974	0.986	0.975	0.989	0.995	0.980	0.993	0.994	0.962	0.994
2008	0.979	0.978	0.989	0.973	0.991	0.988	0.989	0.992	0.994	0.968	0.996
2009	0.983	0.959	0.994	0.975	0.994	0.995	0.994	0.995	0.999	0.974	0.993
2010	0.978	0.966	0.995	0.951	0.995	0.997	0.996	0.996	0.997	0.973	0.976
2011	0.969	0.952	0.994	0.967	0.993	0.98	0.991	0.987	0.972	0.967	0.994
2012	0.988	0.977	0.993	0.975	0.994	0.996	0.995	0.995	0.999	0.983	0.992
2013	0.978	0.974	0.996	0.969	0.995	0.996	0.998	0.998	0.999	0.982	0.988
2014	0.978	0.986	0.993	0.980	0.995	0.996	0.994	0.989	0.995	0.988	0.985

中国海洋复合系统承载力协调水平总体上好转，且有向北移动的趋势。2006～2014年，中国海洋复合系统承载力协调情况有所好转，协调度由0.986

上升到0.989，体现了海洋资源系统、海洋环境系统、海洋经济系统间的承载力有协调发展的趋势。通过对海洋子系统承载力进行研究发现，海洋经济系统承载力一直呈上升趋势，而海洋资源系统的变化较小，状态平稳；2008年的《渤海环境保护总体规划》、2010年的《"十二五"近岸海域污染防治规划编制工作方案》等相继出台，在一定程度上改善了海洋环境，多数地区的直排入海量有所减少，废弃物处理率和环保投资总额有所增加，提高了海洋环境系统的承载能力，缩小了与海洋经济系统承载力转好态势之间的变化差距，实现了海洋资源系统、海洋环境系统、海洋经济系统三系统承载力的协调稳步上升。同时协调地区呈现由海南省向广东省、福建省再向浙江省、江苏省的北移趋势。

空间差异明显，协调度相近的省份有一定的聚集现象。中国海洋复合系统承载力协调度在空间上呈现较大差距，总体上南方地区协调性优于北方地区，主要原因是北方地区和南方地区海洋产业结构存在较大不同，北方地区相比于南方地区，海洋第二产业比重很大，有些地区甚至超过海洋第一产业与第三产业之和（天津市的海洋第一、第二、第三产业的比例为1∶65∶34，河北省的海洋第一、第二、第三产业比例为3∶50∶47）；南方地区的海洋第二、第三产业比重与北方地区正好相反。结果还显示，协调度相近的省份具有一定的集聚性，由北至南分别是：较低协调型（辽宁省-河北省）、中等协调型（天津市-山东省-江苏省）、较高协调型（浙江省-福建省）、高度协调型（广东省-海南省）。

三、中国海洋复合系统承载力协调发展分析

协调度的高低不能完全反映一个地区的发展情况，具体原因在于三系统间的协调状态可分为不同程度的表现形式，即"低发展高度协调型"和"高发展高度协调型"，实际上，我们追求的协调发展应为后者，因此必须在协调的基础上，加入发展的思考，故此引入协调发展度，将海洋资源系统、海洋环境系统、海洋经济系统三系统的承载力以及三系统协调度计算结果代入式（6.3），得到中国沿海地区海洋资源环境经济复合系统协调发展度，计算结果如表6.8所示。

表6.8 2006～2015年中国沿海地区海洋资源环境经济复合系统协调发展度计算结果

年份	天津市	河北省	辽宁省	上海市	江苏省	浙江省	福建省	山东省	广东省	广西壮族自治区	海南省
2006	0.421	0.319	0.332	0.417	0.335	0.337	0.348	0.362	0.336	0.282	0.470
2007	0.433	0.332	0.333	0.432	0.351	0.363	0.371	0.385	0.355	0.289	0.481
2008	0.432	0.331	0.339	0.421	0.358	0.378	0.371	0.400	0.363	0.284	0.473
2009	0.428	0.288	0.359	0.425	0.362	0.351	0.375	0.379	0.359	0.293	0.473
2010	0.446	0.320	0.380	0.425	0.380	0.363	0.385	0.393	0.387	0.300	0.528
2011	0.467	0.333	0.441	0.454	0.407	0.394	0.410	0.437	0.391	0.296	0.502
2012	0.434	0.320	0.381	0.391	0.363	0.348	0.362	0.388	0.373	0.304	0.439
2013	0.459	0.326	0.382	0.422	0.375	0.358	0.390	0.427	0.394	0.319	0.475
2014	0.440	0.342	0.363	0.415	0.374	0.353	0.375	0.386	0.362	0.330	0.463
2015	0.399	0.323	0.368	0.422	0.367	0.361	0.376	0.395	0.372	0.300	0.478

由表6.8可知，2006～2015年中国海洋资源环境经济复合系统协调发展程度大致分为四个梯队。第一梯队是以海南省、天津市、上海市三个地区为代表的协调发展程度较高地区，其协调发展度平均值均超过了0.4，这三个地区的海洋复合系统承载力也是沿海地区的前三位，可见三地区的协调程度和发展程度均较好。第二梯队以山东省、福建省两个地区为代表，协调发展度在0.34～0.44，这些地区协调发展度也上升得最快，年均上升1.31%，可见子系统间承载力协调发展度的提高对两地区的复合系统的协调发展具有较大作用。第三梯队以辽宁省、广东省、浙江省、江苏省四个地区为代表，协调发展度在0.33～0.45，这四个地区集中反映了海洋子系统承载力间的矛盾，辽宁省的海洋资源系统承载力较高，但海洋环境系统承载力较低；广东省海洋资源系统承载力水平较低，相对于海洋经济系统承载力发展不足。第四梯队以河北省、广西壮族自治区为代表，协调发展度在0.28～0.35，两地无论是协调度还是复合系统承载力的发展情况都不容乐观，较充分地反映了海洋子系统承载力发展和承载力协调性发展的不足，因此需要从协调和发展两个角度入手解决。

四、基于多目标规划的海洋复合系统协调发展调控——以河北省为例

由上文可知，河北省海洋复合系统发展相比于绝大部分沿海地区较为缓慢。为此，本书以河北省为例，先对河北省海洋复合系统协调发展情况展开分析，然后利用多目标规划模型，基于海洋复合系统发展目标、海洋经济发展目

标、海洋环境发展目标、海洋资源发展目标四种目标方案对河北省海洋复合系统协调发展进行调控，以期为河北省实现海洋复合系统良性发展提供一定的参考依据，也为相似地区的发展提供一定的借鉴。

（一）河北省海洋复合系统协调发展分析

将2006～2015年河北省相关数据代入式（6.3），计算结果如表6.9所示。

表6.9　河北省海洋复合系统与子系统协调发展度（2006～2015年）

系统	2006年	2007年	2008年	2009年	2010年	2011年	2012年	2013年	2014年	2015年
海洋复合系统	0.649	0.660	0.701	0.660	0.688	0.633	0.656	0.660	0.694	0.702
海洋经济系统	0.517	0.537	0.560	0.457	0.498	0.530	0.573	0.600	0.678	0.716
海洋环境系统	0.853	0.878	0.910	0.925	0.937	0.740	0.745	0.750	0.763	0.769
海洋资源系统	0.747	0.736	0.800	0.771	0.801	0.800	0.822	0.810	0.822	0.802

1. 河北省海洋复合系统与子系统协调发展度分析

由表6.9可知，2006～2015年河北省海洋复合系统协调发展度呈波动上升态势，主要分为三个阶段。第一阶段（2006～2008年）处于河北省海洋"十一五"规划中前期，海洋复合系统总体上平稳发展，协调发展度由0.649上升到0.701，年均上升3.93%；第二阶段（2008～2011年）呈明显下降趋势，协调发展度由0.701下降到0.633；第三阶段（2011～2015年）的海洋复合系统总体上平稳发展，协调发展度由0.633上升到0.702，年均上升2.62%。"十二五"阶段的协调发展速度低于"十一五"阶段的协调发展速度，体现出两个问题：①海洋复合系统由于不合理发展，破坏了可持续性，导致协调发展速度减缓；②政府对于海洋复合系统发展由重视规模和速度转向重视效率和质量，海洋复合系统中低速发展进入新常态。

从海洋子系统发展度来看，海洋经济系统、海洋环境系统、海洋资源系统三个子系统表现出不同的发展特征。海洋经济系统发展基本呈增长态势，2006～2015年协调发展度由0.517上升至0.716，年均上升3.68%。海洋环境系统则出现先上升后下降的发展趋势，具体可分为两个阶段：第一阶段为上升期（2006～2010年），海洋环境系统协调发展度由0.853上升到0.937，年均上升2.38%，第二阶段为下降期（2010～2015年），海洋环境系统协调发展度由0.937下降到0.769，年均下降3.87%，且恶化速度大于前一阶段的良性发展速度。海洋资源系统总体呈现平稳上升态势，上升幅度不大，2006~2015年累计上升0.055，年均增速为0.79%。

2. 海洋复合系统协调度分析

由图6.9可知，2006~2010年，海洋环境资源系统协调度＞海洋经济环境系统协调度＞海洋经济资源系统协调度＞海洋复合系统协调度，2011~2015年，海洋环境资源系统协调度＞海洋经济资源系统协调度＞海洋经济环境系统协调度＞海洋复合系统协调度；海洋复合系统协调度有所提高，由2006年的0.467上升至2015年的0.579，但2009年前后出现一次较大波动，2019年协调度下降到0.455；海洋经济环境系统、海洋经济资源系统、海洋环境资源系统协调度分别由2006年的0.644、0.611、0.796发展到2015年的0.76左右，说明海洋经济系统、海洋资源系统、海洋环境系统两两之间的协调度呈趋同发展，但应注意的是海洋环境系统与海洋资源系统之间的协调度有所下降；2008~2011年在海洋复合系统协调度下降的同时，海洋经济环境系统协调度、海洋环境资源系统协调度均有所下降，说明海洋复合系统下降的原因是海洋环境系统发展滞后，即环境与经济、资源间出现不协调发展现象。

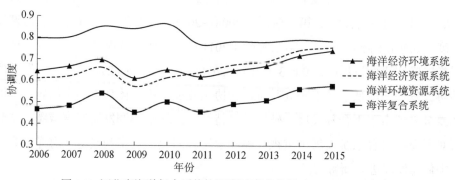

图6.9　河北省海洋复合系统协调度时序变化图（2006~2015年）

3. 海洋复合系统协调发展度分析

由图6.10所示，2006~2010年，海洋环境资源系统协调发展度＞海洋经济环境系统协调发展度＞海洋经济资源系统协调发展度＞海洋复合系统协调发展度，2011~2015年，海洋环境资源系统协调发展度＞海洋经济资源系统协调发展度＞海洋经济环境系统协调发展度＞海洋复合系统协调发展度；海洋复合系统协调发展度呈波动上升趋势，由2006年的0.303上升到2015年的0.406，

2010~2011年出现一次较大波动，协调发展度由0.345下降到0.288；海洋经济环境系统、海洋经济资源系统、海洋环境资源系统协调发展度分别由2006年的0.441、0.386、0.637发展到2015年的0.58左右，说明海洋经济系统、海洋资源系统、海洋环境系统两两之间协调发展度趋同发展，但海洋环境系统、海洋资源系统间的协调发展度有所下降；海洋经济环境系统协调发展度、海洋环境资源系统协调发展度与海洋复合系统协调发展度在2010年前后同时出现下降趋势，说明海洋环境系统发展滞后，与海洋经济系统、海洋资源系统间出现不协调发展现象是海洋复合系统下降的主要原因。综合图6.8、图6.9可知，海洋复合系统协调发展度变化和海洋复合系统协调度变化具有相似规律，但基于协调度来考虑发展度的测度发现，彼此间的绝对差值和相对差值均呈扩大趋势，说明发展并不会阻碍协调，在一定范围内，发展与协调可同时进行，符合可持续发展要求，协调发展是下一步规划的指导方向。

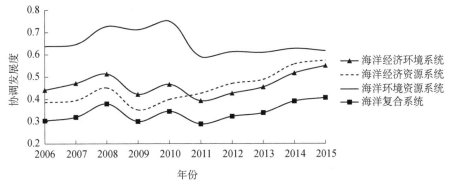

图6.10　河北省海洋复合系统协调发展度时序变化图（2006~2015年）

（二）多目标规划模型

多目标规划模型是一种模拟决策模型，能够在决策中综合考虑多个目标，调和彼此之间的矛盾。一个问题可能存在n个目标，分别为$f_1(x)$，$f_2(x)$，$\cdots$，$f_n(x)$，且每个目标都是求解最大化，如$f_1(x)$表示海洋经济目标最优，$f_2(x)$表示海洋环境目标最优，$f_3(x)$表示海洋资源目标最优等，则该多目标规划的一般形式为

$$\max F(X)=(f_1(x),f_2(x),\cdots,f_n(x))^{\mathrm{T}} \qquad (6.4)$$

$$\text{s.t.}\begin{cases}g_i(X)\geqslant 0\\h_j(X)=0\\i=1,2,\cdots,n;\ j=1,2,\cdots,m\end{cases} \qquad (6.5)$$

其中，$X=(x_1, x_2, \cdots, x_n)$为决策变量，表示决策方案；$g_i(X)$表示不等式的约束条件，$h_j(X)$表示等式约束条件。

根据河北省海洋"十一五""十二五""十三五"规划以及相关学者的研究，结合复合系统协调发展机理，构建河北省海洋复合系统发展指标体系如表6.10所示，将河北省的海洋复合系统分为海洋经济系统、海洋环境系统、海洋资源系统，海洋经济系统目标变量主要从海洋生产总值、海洋第二产业比重、海洋第三产业比重、岸线经济密度、人均海洋收入五个方面体现，其中岸线经济密度越大，表示单位海岸线长度上产出的经济量越大，进而体现岸线经济效率。三大污染中固体废弃物和废水污染对海洋环境影响最大，因此从绝对排放量和相对处理率两个方面选择固体废弃物和废水排放指标以及综合作用下优良海水面积比例共同表征海洋环境系统。海洋资源系统目标变量主要由与海洋经济系统、海洋环境系统密切相关的支撑海洋发展的代表性指标构成，海水养殖业与海洋第一产业密切相关，海洋油气业、海洋盐业是海洋第二产业的重要组成部分，沿海规模以上港口码头泊位数对以海洋交通、海洋物流为主的海洋第三产业意义重大，同时又通过与海洋环境中的水交换影响海洋环境。

表6.10　河北省海洋复合系统主要目标变量及目标规划值表

系统层	变量符号	变量含义	2010年	2015年	2020年
海洋经济系统	y_1	海洋生产总值/亿元	1 152.9	2070	3 400
	y_2	海洋第二产业比重/%	54.0	45.7	40.0
	y_3	海洋第三产业比重/%	42.0	50.6	56.0
	y_4	岸线经济密度/（亿元/千米）	2.4	4.3	7.0
	y_5	人均海洋收入/元	6 631	12 584	22 208
海洋环境系统	y_6	化学需氧量排放总量/万吨	54.6	123.1	49.1
	y_7	氨氮排放总量/万吨	5.5	10.1	4.9
	y_8	优良海水面积比例/%	75.0	79.6	80.0
	y_9	工业废水达标排放率/%	98.6	99.1	100.0
	y_{10}	固体废弃物综合利用率/%	95.8	96.3	100.0
海洋资源系统	y_{11}	海洋原油产量/万吨	221.2	247.1	259.7
	y_{12}	海洋天然气产量/亿立方米	4.1	7.1	7.3
	y_{13}	海洋盐产量/万吨	429.4	221.0	450.0
	y_{14}	海水产品养殖量/万吨	25.3	23.1	35.5
	y_{15}	沿海规模以上港口码头泊位数/个	42.0	44.0	46.0

注：2010年和2015年数据来源于《河北统计年鉴》《中国海洋统计年鉴》《中国环境年鉴》《中国国土资源年鉴》，2020年数据根据河北省海洋"十三五"规划确定。

基于多目标规划相关研究以及模型回归拟合度，确定模型的决策变量如表6.11所示。人口和海洋复合系统密切相关，人是重要的生产力，是经济发展的基础，但同时在生产生活过程中会产生废弃物，影响海洋环境并消耗及开发资源；产业投资是经济发展的决定性因素之一，投资拉动经济增长成为共识；海洋科技与海洋经济密切相关，在相同投入情况下，可以有更多的期望产出并减少非期望产出，对提高海洋经济、环境、资源利用效率具有重要作用；海洋环境投入、污染排放对海洋环境影响重大；海洋经济活动支撑条件为海洋产业发展提供了必要的场所和基础生产条件。

表6.11　河北省海洋复合系统决策变量及变量含义

表示符号	变量意义	变量指标	目标值
P	沿海人口数量	沿海人口/万人	1812
FI_1	海洋产业投资结构	海洋第一产业固定资产投资额/亿元	73.8
FI_2	海洋产业投资结构	海洋第二产业固定资产投资额/亿元	911.5
FI_3	海洋产业投资结构	海洋第三产业固定资产投资额/亿元	1009
L_{11}	海洋活动劳动力结构	海洋第一产业劳动力人数/万人	10.8
L_{12}	海洋活动劳动力结构	海洋第二产业劳动力人数/万人	132.8
L_{13}	海洋活动劳动力结构	海洋第三产业劳动力人数/万人	147
MTS	海洋科技实力	海洋科研人员/人	546
T	海洋科技支撑	海洋科研投入/亿元	13.4
MEI	海洋环境投入	海洋环境治理投资/亿元	32.1
MPD	海洋污染排放	工业废水直排入海量/万吨	884
MAA	海洋经济活动支撑条件	海水养殖面积/万公顷	12.7
BA	海洋经济活动支撑条件	沿海滩涂面积/平方千米	1467
CL	海洋经济活动支撑条件	海岸线长度/千米	487

在确定发展目标的基础上，构建决策值与目标值之间的多目标规划集成模型：

$$\text{s.t. } y_1 = GDP_1 + GDP_2 + GDP_3 + d_1^- - d_1^+$$

$$y_i(i = 2,3) = \frac{GDP_i}{GDP_1 + GDP_2 + GDP_3}$$

$$y_4 = (GDP_1 + GDP_2 + GDP_3) / CL + d_4^- - d_4^+$$

$$y_5 = y_1 / P$$

$$y_6 = 0.196 \times P + 0.129 \times GDP_2 + 0.033 \times MPD - 382.74 + d_6^- - d_6^+$$

$$y_7 = 0.015 \times P + 0.008 \times GDP_2 + 0.002 \times MPD - 27.11 + d_7^- - d_7^+$$

$$y_8 = 0.357 \times \text{MEI} - 0.003 \times \text{MPD} + 0.002 \times \text{MPD} + 70.58 + d_8^- - d_8^+$$

$$y_9 = 0.025 \times \text{MEI} + 97.996 + d_9^- - d_9^+$$

$$y_{10} = 0.0254 \times \text{MEI} + 95.196 + d_{10}^- - d_{10}^+$$

$$y_{11} = 0.006 \times \text{FI}_2 + 7.323 \times T + 131.71 + d_{11}^- - d_{11}^+$$

$$y_{12} = 0.006 \times \text{FI}_2 + 1.619 + d_{12}^- - d_{12}^+$$ （6.6）

$$y_{13} = -0.134 \times \text{FI}_2 - 0.44 \times L_{12} - 0.125 \times \text{BA} + 703.82 + d_{13}^- - d_{13}^+$$

$$y_{14} = -0.179 \times \text{FI}_1 + 1.395 \times L_{11} - 0.413 \times \text{MAA} + 24.477 + d_{14}^- - d_{14}^+$$

$$y_{15} = -0.008 \times \text{FI}_2 + 0.011 \times \text{FI}_3 - 0.01 \times L_{12} + 42.861 + d_{15}^- - d_{15}^+$$

其中：

$$\text{GDP}_1 = 0.341 \times P + 0.48 \times \text{FI}_1 + 2.523 \times L_{11} - 0.022 \times \text{MAA} - 0.029 \times \text{BA} - 543.28$$

$$\text{GDP}_2 = -0.289 \times P + 1.62 \times \text{FI}_2 + 4.91 \times L_{12} - 11.92 \times \text{MEI} + 0.349 \times \text{MPD} + 217.35$$

$$\text{GDP}_3 = 0.624 \times \text{FI}_3 + 1.344 \times L_{13} - 1.356 \times \text{MTS} + 23.614 \times T + 651.6985$$

（6.7）

式（6.6）中，$d_1^-\sim d_{15}^-$ 表示负偏差变量，$d_1^+\sim d_{15}^+$ 表示正偏差量，二者之差表示偏差变量。

（三）河北省海洋复合系统协调发展调控

根据上述多目标规划模型，将2006～2015年决策数据和目标数据代入MATLAB多元回归分析模块，设定四种优先发展模式对多目标规划模型进行求解，结果如表6.12和表6.13所示。

表6.12　多目标规划下河北省海洋复合系统发展决策值（2020年）

变量指标	目标值	经济优先	资源优先	环境优先	协调优先
沿海人口/万人	1812	1700	1950	1750	1700
海洋第一产业固定资产投资额/亿元	73.8	232.0	200.0	150.0	200.0
海洋第二产业固定资产投资额/亿元	911.5	1200.0	978.0	882.0	978.0
海洋第三产业固定资产投资额/亿元	1009.0	2500.0	1998.0	2500.0	2600.0
海洋第一产业劳动力人数/万人	10.8	18.0	38.0	20.0	30.0
海洋第二产业劳动力人数/万人	132.8	140.0	10.0	140.0	120.0
海洋第三产业劳动力人数/万人	147.0	160.0	200.0	170.0	180.0
海洋科研人员/人	546	546	550	550	550
海洋科研投入/亿元	13.4	17.0	16.7	17.0	16.4
海洋环境治理投资/亿元	32.1	40.0	50.0	78.0	70.0
工业废水直排入海量/万吨	884	800	900	800	300

续表

变量指标	目标值	经济优先	资源优先	环境优先	协调优先
海水养殖面积/万公顷	12.7	15.0	15.0	15.0	14.0
沿海滩涂面积/平方千米	1467	1500	950	1499	950
海岸线长度/千米	487	487	487	487	440

表6.13　多目标规划下河北省海洋复合系统发展规划值（2020年）

变量指标	目标值	经济优先	资源优先	环境优先	协调优先
海洋生产总值/亿元	3 400	3 708	2 737	2 718	3 070
海洋第二产业比重/%	40 .0	39.7	20.8	18.0	24.0
海洋第三产业比重/%	56.0	56.3	69.0	77.0	70.0
岸线经济密度/（亿元/千米）	7.0	7.6	5.6	5.6	7.0
人均海洋收入/元	22 208	21 813	14 035	15 532	18 059
化学需氧量排放总量/万吨	49.1	165.6	101.5	49.1	54.1
氨氮排放总量/万吨	4.9	12.7	9.0	5.2	5.3
优良海水面积比例/%	80.0	82.2	85.4	95.7	94.6
工业废水达标排放率/%	100.0	99.0	99.3	99.9	99.8
固体废弃物综合利用率/%	100.0	96.2	96.5	97.2	97.0
海洋原油产量/万吨	259.7	263.4	259.9	261.5	257.7
海洋天然气产量/亿立方米	7.3	8.6	7.3	6.7	7.3
海洋盐产量/万吨	450.0	294.5	450.0	337.2	401.7
海水产品养殖量/万吨	35.5	1.9	35.5	19.3	24.8
沿海规模以上港口码头泊位数/个	46	58	56	61	61

（1）经济优先发展模式。经济优先发展模式的海洋第一、第二、第三产业固定资产投资额分别为232.0亿元、1200.0亿元、2500.0亿元，海洋第一、第二产业固定资产投资额明显高于其他发展模式的投资额，与目标值相比，海洋第一、第三产业固定资产投资额差距较大；沿海人口约为1700万人；海洋第一、第二、第三产业劳动力人数分别为18.0万人、140.0万人、160.0万人；需要海洋科研投入17.0亿元；海洋环境治理投资需要40.0亿元；工业废水直排入海量需要控制在800万吨；海水养殖面积增加到15.0万公顷。该方案达到了海洋经济系统预定目标，海洋生产总值达到3708亿元，其中海洋第二、第三产业的比重分别为39.7%和56.3%；海洋资源系统上海洋原油产量和海上天然气产量分别为263.4万吨和8.6亿立方米，略高于目标值，而海洋盐产量和海水产品养殖量仅为294.5万吨和1.9万吨，沿海规模以上港口码头泊位数需要增至58个，总体

来看与海洋资源系统目标值也存在较大差距；在海洋环境系统上牺牲较大，化学需氧量排放总量和氨氮排放总量分别为165.6万吨和12.7万吨，分别超出了环境目标的2.37倍和1.59倍。

（2）资源优先发展模式。资源优先发展模式在人口投入上明显高于其他发展模式，需要的沿海人口以及海洋第一、第三产业劳动力人数分别为1950万人、38.0万人、200.0万人，但海洋第二产业不易发展过大，其固定资产投资额和劳动力人数分别为978.0亿元和10.0万人；需要的海洋科研投入和海洋环境治理投资分别为16.7亿元和50.0亿元，工业废水直排入海量控制在900万吨；沿海滩涂面积缩小到950平方千米。该发展模式达到了资源子系统预定目标，实现的海洋原油产量、海洋天然气产量、海洋盐产量、海水产品养殖量分别为259.9万吨、7.3亿立方米、450.0万吨、35.5万吨；从海洋经济系统来看，与目标差距较大，海洋生产总值仅达到2737亿元，人均海洋收入仅达到目标值的63%，岸线经济密度为5.6亿元/千米；从海洋环境系统来看，化学需氧量排放总量和氨氮排放总量分别为101.5万吨和9.0万吨，超出了目标值1倍左右。

（3）环境优先发展模式。环境优先发展模式相比于其他发展模式在经济上的投入较为保守，尤其是在海洋第二产业固定资产投资额方面，海洋第二产业固定资产投资额为882.0亿元，相比于目标值减少了29.5亿元；海洋科研投入和海洋环境治理投资最多，分别为17.0亿元和78.0亿元，工业废水直排入海量要控制在800万吨；比目标值增加海水养殖面积2.3万公顷，恢复沿海滩涂面积至1499平方千米；该发展模式达到了海洋环境系统的发展要求，优良海水面积进一步扩大，工业废水达标排放率接近100%，固体废弃物综合利用率达到97.2%，化学需氧量排放总量和氨氮排放总量分别为49.1万吨和5.2万吨，实现了较理想的污染控制；但在海洋经济系统上，海洋生产总值仅有2718亿元，人均海洋收入和岸线经济密度也与目标值差距较大，并且对产业结构要求严苛，需要实现第三产业比重达到77.0%，从经济发展规律来看，只有为数不多的现代化发达地区才可以达到；在海洋资源系统上，海洋原油产量、海洋天然气产量、海洋盐产量、海水产品养殖量分别为261.5万吨、6.7亿立方米、337.2万吨和19.3万吨，在海洋天然气、海洋盐产量、海水产品养殖量上尚未达到目标要求。

（4）协调优先发展模式。协调优先发展模式在人口数量上投入最少，海洋第一、第二、第三产业固定资产投资额分别为200.0亿元、978.0亿元、2600.0亿元，海洋第一、第二、第三产业劳动力人数分别为30.0万人、120.0万人、

180.0万人；需要海洋科研投入和海洋环境治理投资分别为16.4亿元和70.0亿元，工业废水直排入海量需要大幅度控制；需要海水养殖面积和沿海滩涂面积分别为14.0万公顷和950平方千米，海岸线长度为440千米；协调优先发展模式对海洋经济系统、海洋环境系统、海洋资源系统三个系统的发展均有考虑，在海洋经济系统层面，海洋生产总值达到3070亿元，产业结构升级和深度优化进一步落实，海洋第一、第二、第三产业比重为6∶24∶70，人均海洋收入和岸线经济密度基本达标；化学需氧量排放总量和氨氮排放总量分别为54.1万吨和5.3万吨，超出既定目标值10%和8%，基本处于可控范围，优良海水面积比例进一步扩大，工业废水达标排放率接近100%，固体废弃物综合利用率达到97.0%；海洋原油产量、海洋天然气产量、海洋盐产量、海水产品养殖量分别为257.7万吨、7.3亿立方米、401.7万吨和24.8万吨，沿海规模以上港口码头泊位数增加至61个，除海水产品养殖量和海水盐产量上尚未达到目标要求外，其余海洋资源系统基本达到目标要求。

比较四种优先发展模式下的协调度和协调发展度，经济优先发展模式、资源优先发展模式、环境优先发展模式、协调优先发展模式的海洋复合系统协调度分别为0.646、0.683、0.707和0.831（图6.11）。从协调度层面看，四种优先发展模式的选择顺序为：协调优先＞环境优先＞资源优先＞经济优先。经济优先发展模式、资源优先发展模式、环境优先发展模式、协调优先发展模式的协调发展度分别为0.527、0.571、0.602和0.759。从协调发展度层面看，四种优先发展模式的选择顺序也为：协调优先＞环境优先＞资源优先＞经济优先。可见，以协调优先发展模式，无论是海洋复合系统协调度还是海洋复合系统协调发展度，都具有明显优势。以海洋子系统发展度来看，协调优先发展模式在四

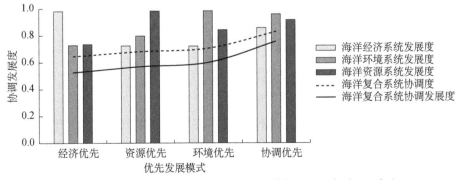

图6.11　多目标规划下河北省海洋复合系统协调发展度（2020年）

种发展模式中均呈现积极态势，其海洋经济、环境、资源系统发展度在四种发展模式中均处于第二位。综上，应以协调优先发展模式作为首选发展模式。

第五节 小 结

海洋复合系统可持续发展是合理开发海洋所必须遵循的，海洋复合系统是由海洋多个子系统有机构成的，相比于陆地系统，其交互性更强、更复杂。可变模糊识别模型搭配四种可变参数模型相比于其他方法对非线性复杂的海洋复合系统具有良好的可识别性和稳定性，为研究海洋系统提供了技术支持；海洋复合系统承载力应遵循协调发展而不是单一系统的片面发展，通过协调发展模型对承载力进行协调度和协调发展度测算，推动海洋承载力向更深层面发展。

研究结果表明，时间上：2006～2015 年，中国海洋复合系统承载力总体向着良好态势发展，承载力特征值由 2.873 下降到 2.614；从海洋子系统层面看，海洋经济系统承载力呈上升态势，承载力特征值由 3.14 下降到 2.49，江苏省、山东省等地上升幅度较大；海洋资源系统承载力呈倒 U 形变化特点，2006 年、2011 年、2014 年承载力特征值分别为 2.48、2.36、2.78，除广东省、浙江省两地，大部分地区海洋资源系统承载力都下降明显；海洋坏境系统承载力发展趋势较为良好，除广西壮族自治区外，大部分地区坏境承载力上升幅度明显。空间上：区域间差异性较大，北部天津市、中部上海市、南部海南省海洋复合系统承载力较高，现"南北中"较高承载力的"三足鼎立"格局，而河北省和广西壮族自治区无论是海洋复合系统承载力还是海洋子系统承载力都不容乐观，出现了承载力"洼地"；对复合系统承载力变化的影响因素进行分析，发现中国各地区的海洋资源环境经济复合系统承载力的影响因素存在不同，大体上经济规模与经济结构、海洋科研实力、海洋环境治理、海洋资源禀赋等因素是阻碍海洋复合系统承载力发展的主要影响因素。

中国海洋复合系统承载力协调性和协调发展度总体上也呈现上升趋势，空间上协调性和协调发展度较好的地区分别为海南省、山东省、福建省和海南省、上海市、天津市；从海洋复合系统承载力和协调性的匹配来看，海洋复合系统承载力较高的地区，子系统间承载力的发展并不协调，表明了综合承载力的发展是由单一子系统发展所牵引的；并且协调相近的地区有一定的集聚趋势，形成了四大协调类型：辽宁省-河北省构成了较低协调型、天津市-山东省-江苏省构成了中等协调型、浙江省-福建省构成了较高协调型、广东省-海南省构成了高度协调型。

以海洋复合系统承载力问题典型区——河北省为例进行分析，结果表明河北省海洋环境系统发展不良是造成海洋复合系统发展缓慢的主要原因，基于此提出了四种优先发展方案，按协调度和协调发展度，四种优先发展方案的选择顺序从大到小依次为协调优先、环境优先、资源优先、经济优先，其中以协调优先的发展模式除在海水养殖量和海水盐产量与目标尚有差距外，其余基本达到各子系统发展要求，应为优先发展模式。

针对中国沿海各地区海洋复合系统承载力发展存在的问题，应以可持续发展为目标，遵循"分解、具体、可操作"等原则，提出有层次梯度的解决措施。

环渤海地区主要包括辽宁省、天津市、河北省所辖海域。辽宁省以保护海洋环境为准则，建设"蓝色"辽宁省沿海新经济带。辽宁省海洋复合系统良好发展的关键在于提高海洋环境系统承载力，因此应加强海洋环境保护与治理力度，加大环保投资，完善和保护现有海洋生态自然保护区，保障沿海地区生物多样性，同时借鉴山东省"蓝色海洋"发展经验，建设海洋生态园，树立品牌意识，结合东北老工业基地基础，发展新型海洋工业（如海洋先进装备制造业、大型海洋设备加工装配制造业等）和新型海洋产业（如海洋生物医药业、海洋高端旅游业等），以产业结构优化升级带动环境改善。天津市应继续促进产业结构升级，扩大辐射影响力。天津市是中国环渤海地区的经济核心，但第二产业比重相对过高，应积极调整海洋产业结构，尤其是降低重污染、高能耗海洋产业的比重，制定相关海洋产业发展优化政策，利用雄厚的经济基础和技术发展海洋新能源产业，大力推动海洋生物医药业、海洋金融业、海洋服务业、海洋生态旅游业等海洋第三产业的发展，丰富和完善海洋产业，提高抵抗海洋产业外部风险的能力，增强促进海洋产业结构向"三二一"产业结构转变；提高海洋资源效率，立体利用海洋资源，发展海洋集约产业，发展如海水淡化业等海洋新兴产业，解决人均海洋资源不足的问题。河北省应注重陆海统筹兼顾，重视海洋产业发展。河北省海洋产业发展起步较晚，应大力推进海洋第一、第二、第三产业发展，重视海上通道的建设，积极参与融入"一带一路"

建设，扩大经济活动范围；优化产业结构的时空布局，巩固和发展唐山、秦皇岛、沧州三大"海洋经济区"，时间上错峰发展、空间上错位发展；优化产业结构，增加产业中的科技含量，发展新型海洋工业、海洋新能源业等；发展以秦皇岛为首的海洋旅游业，树立服务意识，打造服务口碑，增强海洋旅游业服务能力和吸引能力；加强海洋生态环境保护，宣传海洋环保重要性，增强海洋环境保护意识，同时注意合理开采和保护海洋资源，平衡海洋经济发展与海洋环境保护、海洋资源合理利用的关系。

黄淮海地区主要包括山东省、江苏省所辖海域。山东省应做到保护海洋环境与发展海洋经济并行，走集约化海洋发展模式。山东省可利用丰富的海洋高素质劳动力资源，发展海洋高新科技产业，借鉴品牌效应的成功经验，打造属于自己海洋特色的企业或产业名牌；发展优势的海洋盐业、海洋渔业、海洋交通运输业，扩大经济格局；同时注意环境保护和资源利用效率的提高，山东省沿海人口较多，应提高资源利用效率，集约利用有限海域，同时大力发展可替代清洁能源，继续推进蓝色海洋发展。江苏省可以通过优化产业结构，建立新型海洋产业结构模式。江苏省应发展并完善初步形成的现代海洋产业结构体系，宏观上建立沿海大型海洋工业园区，推进海洋工程业、先进装备制造业、海上风能业等发展；利用交通区位优势，构建陆海联运网络体系，进而形成多个沿海经济发展区，连云港市依托陇海铁路线发展海陆联运，盐城市依托"大丰港"发展海洋物流业，南通市加速打造江苏省东部高铁与高速公路，结合原有长江口岸、沿海洋口港，形成海陆空交通联运网络体系；依托丰富的海洋人才，实行科技兴海战略，增加海洋科技的投入。

东海地区主要包括上海市、浙江省、福建省所辖海域。上海市应探索现代海洋第三产业，打造区域乃至世界海洋经济中心极。上海市应利用优越的经济基础、环境条件吸引经验丰富的海洋高素质人才，探索现代海洋第三产业发展模式，构建以第三产业为核心的高端海洋产业体系，同时引导海洋经济建设向多元化方向发展，继续培育海洋金融服务业、信息服务业、海洋文化创意产业等以抵抗外部经济风险。浙江省重视海洋产业均衡，建设文化浙江。浙江省应加大对海洋环境保护的投资，减少沿海高耗能、高污染企业；大力发展海洋文化产业、海洋旅游业等海洋第三产业，将文化产业与旅游业相结合，建立沿海旅游文化景观；重视海洋渔业的发展，依托沿海高校、研究所，保障海洋渔业的发展，集约利用海洋渔业资源，提高海水养殖产量。福建省应重视海洋环境保护，走绿色海洋经济发展之路。福建省沿海地区第二产业比重过大，加之福建省河流受地形因素等影响较为短小，水中污染物沉降、自净不充分，致使沿海地区存在一定污染，因此应调整产业结构，严控企业高污染排放，发展新型海洋产业和海洋深加工产业（如海洋化工业、海洋新能源业等）；厦门市等地依托良好"城市品牌"效应，发展高端现代旅游业和海洋高科技产业等。

南部沿海地区主要包括广东省、广西壮族自治区、海南省所辖海域。广东省应集约发展海洋经济，预防海洋环境恶化回弹。广东省海洋经济较为发达，但有限的资源和有限的海洋空间与较多的人口之间的矛盾造成了人均发展水平不高的局面，应加大科技投入，集约利用海洋资源和海洋空间环境，提高海洋资源的利用效率，发展海洋立体经济，高效利用海洋环境空间；同时研究结果表明，2011～2014年广东省海洋环境恶化速度相比于其他沿海地区更快，因此应注意海洋环境的保护，加大对海洋环境保护的投资，建立多个海洋自然保护区，提高沿海环境质量水平与稳定性。广西壮族自治区可以大力发展海洋经济，从而实现经济的快速有序发展。广西壮族自治区海洋经济总体发展较为滞后，应重视海洋经济发展，通过加强与外界的交流和合作来推动海洋经济发展；提高科技水平，提高海洋资源的有效利用率，发展海水淡化业、海洋新能源产业等；广西壮族自治区沿海地区易遭受极端海洋自然灾害，应加强沿海基础设施建设，加强应急救急能力。海南省应构建完善的海洋经济体系和防护措施，抵抗海洋经济外部风险。海南省人均海洋资源丰富、海洋经济较发达，海洋环境也较好，应继续保持三者的平衡稳定发展；同时应注意到海南省的海洋产业结构较为单一，海洋旅游业占主导，易受外部经济因素波动的影响；海洋渔业发展不足，易受海洋自然天气灾害的影响；海洋第二产业薄弱，因此应该完善海洋产业结构，适当发展海洋装备装配业、海洋生物医药业等，同时应通过海洋物流运输业推动海洋第一、第二、第三产业之间的协同发展。

针对河北省海洋复合系统发展不足情况，应从人口数量与结构、产业结构与升级、污染物治理等方面入手。

（1）控制人口。影响人均收入的主要因素有两个：一个是经济总量，另一个是人口数量。增加经济总量，势必会加大投入，产生更多的污染物，这并不符合协调发展理念，因此控制人口数量是更行之有效的措施，2015年河北省沿海地区人口数量达到1812万人，目前人口增长进入稳步阶段，因此通过灰色关联模型可以预测，2020年河北省沿海人口约为1900万人，而为实现协调发展，需要将人口控制在1700万人左右，因此应在控制人口数量、提高人口素质、改善人口结构等方面入手。

（2）加大产业投入。根据回归模型来看，产业投入主要影响产业结构、经济发展水平、污染物排放等方面，加大产业投入要从固定资产投资和劳动力投入两个方面入手，着重提高第三产业的固定资产投资，第三产业固定资产投资五年内至少需要提高1.5倍；提高劳动力素质，适当增加第三产业劳动力就业数量，继续培养第三产业劳动力30万人左右；第二产业可保持目前发展现状。

（3）加大科技投入和海洋环境治理投入，提高废水利用率和处理率。在2015年的基础上，增加3亿元左右的海洋科研经费支撑；2015年的海洋环境污染治理投入为32.12亿元，到2020年需要增加到70亿元左右，提高工业废水集中处理率，力争将污染物排放量控制在历史最低水平。

（4）严格控制污染物排放。各级政府应建立健全的行政处罚机制并将其严格落实，将环保目标分解，落实到企业；各级环保部门严格管控废水直排入海现象，建立污染监测点，重点监测企业超排、偷排、漏排等现象，5年内争取减排50%~60%；对固体废弃物定期检查其去向，摸清固体废弃物总量，建立固体废弃物处理站，同时尝试建设固体废弃物转换利用站试点，变废为宝，从有效利用资源角度出发，尝试控制污染物。

（5）适当增加海洋养殖面积，提高海洋利用效率，提高海洋单位面积产量；岸线资源短期内不易发生过大变化，因此在岸线长度一定时需要通过提高岸线利用效率来增加岸线经济密度。沿海滩涂是重要的海洋资源，当前阶段必须保护沿海滩涂不被破坏，使沿海滩涂面积稳定在1500平方千米左右，以满足2020年海洋盐产量450万吨的目标；沿海规模以上港口码头主要分布在唐山港、秦皇岛港，应继续扶持，同时应注意沿海规模以上港口码头泊位数应稳中求进，过多建设会导致恶性竞争且增加对环境的压力。

参 考 文 献

毕斗斗，王凯，王龙杰，等. 2018. 长三角城市群产业生态效率及其时空跃迁特征. 经济地理，38（1）：166-173.

蔡清海，杜琦，卢振彬，等. 2005. 福建主要港湾的水质单项评价与综合评价. 台湾海峡，（1）：63-71.

蔡旭，李文静，张萍萍. 2017. 海上丝绸之路海洋环境法律保护研究. 湖北科技学院学报，37（3）：36-41.

曹可，张志峰，马红伟，等. 2017. 基于海洋功能区划的海域开发利用承载力评价：以津冀海域为例. 地理科学进展，（3）：320-326.

曹宇峰，孙霞，于灏，等. 2014. 浅谈渤海海洋环境污染治理与保护对策. 海洋开发与管理，（1）：104-108.

陈长杰，马晓微，魏一鸣，等. 2004. 基于多目标规划的中国可持续发展模式优化研究. 中国管理科学，（5）：91-97.

陈守煜. 1998. 工程模糊集理论与应用. 北京：国防工业出版社.

程娜. 2012. 基于DEA方法的我国海洋第二产业效率研究. 财经问题研究，（6）：28-34.

程晓娟，韩庆兰，全春光. 2013. 基于PCA-DEA组合模型的中国煤炭产业生态效率研究. 资源科学，35（6）：1292-1299.

程妍. 2018. 论特色经济视域下的海洋经济发展. 知识经济，（9）：13，15.

崔慧莹. 2018. 7500入海排污口，仅8%获批海纳百川，何成纳万污. https://m.toutiao.com/i6533427850203103751/?traffic_source=CS1118&in_ogs=2&utm_source=VV&source=search_tab&utm_medium=wap_search&prevent_activate=1&original_source=2&in_tfs=VV&channel=[2018-03-05].

崔玮，苗建军，杨晶. 2013. 基于碳排放约束的城市非农用地生态效率及影响因素分析. 中国人口. 资源与环境，（7）：63-69.

代富强，吕志强，周启刚. 2012. 生态承载力约束下的重庆市适度人口规模情景预测. 人口与经济，17（5）：80-86.

代晓松. 2007. 辽宁省海洋资源现状及海洋产业发展趋势分析. 海洋开发与管理，（2）：129-134.

邓祥征，吴锋，林英志，等. 2011. 基于动态环境CGE模型的乌梁素海流域氮磷分期调控策略. 地理研究，（4）：635-644.

狄乾斌, 韩帅帅. 2015. 城市经济承载力的综合评价及其时空差异研究: 以我国15个副省级城市为例. 经济地理, (9): 57-64.

狄乾斌, 韩增林. 2009. 辽宁省海洋经济可持续发展的演进特征及其系统耦合模式. 经济地理, 29 (5): 799-805.

狄乾斌, 梁倩颖. 2018. 碳排放约束下的中国海洋经济效率时空差异及影响因素分析. 海洋通报, (3): 272-279.

狄乾斌, 孟雪. 2017. 基于非期望产出的城市发展效率时空差异探讨: 以中国东部沿海地区城市为例. 地理科学, (6): 807-816.

狄乾斌, 吴佳璐, 张洁. 2013. 基于生物免疫学理论的海域生态承载力综合测度研究: 以辽宁省为例. 资源科学, (1): 21-29.

丁黎黎, 郑海红, 刘新民. 2018. 海洋经济生产效率、环境治理效率和综合效率的评估. 中国科技论坛, (3): 48-57.

杜利楠. 2015. 海洋与陆域产业的要素效率评价及关联研究. 大连海事大学博士学位论文.

段晓峰, 许学工. 2009. 海洋资源开发利用综合效益的地区差异评估. 北京大学学报 (自然科学版), 45 (6): 1055-1060.

范帅邦, 赵丽玲. 2015. 辽宁沿海经济带经济发展与海洋环境研究. 地域研究与开发, (2): 40-44, 50.

方成, 刘金成, 柳富田, 等. 2014. 2002—2012年唐山市海洋环境质量变化及影响因素分析. 地质调查与研究, (3): 217-223.

封志明, 刘登伟. 2006. 京津冀地区水资源供需平衡及其水资源承载力. 自然资源学报, (5): 689-699.

封志明, 杨艳昭, 闫慧敏, 等. 2017. 百年来的资源环境承载力研究: 从理论到实践. 资源科学, 39 (3): 379-395.

封志明, 杨艳昭, 游珍. 2014. 中国人口分布的水资源限制性与限制度研究. 自然资源学报, (10): 1637-1648.

冯友建, 于颖. 2016. 基于DEA的浙江省海洋旅游业效率研究. 海洋开发与管理, 33 (5): 75-79.

付会, 孙英兰, 孙磊, 等. 2007. 灰色关联分析法在海洋环境质量评价中的应用. 海洋湖沼通报, (3): 127-131.

付丽娜, 陈晓红, 冷智花. 2013. 基于超效率DEA模型的城市群生态效率研究: 以长株潭"3+5"城市群为例. 中国人口·资源与环境, (4): 169-175.

付云鹏, 李燕伟, 徐琛, 等. 2017. 城市人口结构与资源环境耦合的时空特征分析. 环境工程, (4): 160-164.

高吉喜. 2001. 可持续发展理论探索: 生态承载力理论、方法与应用. 北京: 中国环境科学出版社.

高乐华. 2012. 我国海洋生态经济系统协调发展测度与优化机制研究. 中国海洋大学博士学位论文.

高文. 2017. 我国工业企业生态效率及污染治理研究. 生态经济, 33 (1): 21-27.

高英. 2010. 多目标优化的若干问题研究. 内蒙古大学博士学位论文.

高源, 杨新宇, 张琳. 2009. 辽宁省海洋产业结构演进与部门发展动态研究. 资源开发与市场, 25 (11): 986-989.

盖美, 刘伟光, 田成诗. 2013. 中国沿海地区海陆产业系统时空耦合分析. 资源科学, (5):

966-976.

盖美, 聂晨, 柯丽娜. 2018a. 环渤海地区经济—资源—环境系统承载力及协调发展. 经济地理, (7): 163-172.

盖美, 宋强敏. 2018. 辽宁沿海经济带海洋资源环境经济系统承载力及协调发展研究. 资源开发与市场, (6): 759-765.

盖美, 钟利达, 柯丽娜. 2018b. 中国海洋资源环境经济系统承载力及协调性的时空演变. 生态学报, (22): 7921-7932.

盖美, 周荔. 2008. 海洋环境约束下辽宁省海洋经济可持续发展的思考. 海洋开发与管理, (9): 72-77.

盖美, 周荔. 2011. 基于可变模糊识别的辽宁海洋经济与资源环境协调发展研究. 资源科学, (2): 356-363.

谷平华, 刘志成. 2017. 基于物质流分析的区域工业生态效率评价: 以湖南省为例. 经济地理, (4): 141-148.

郭晶, 何广顺, 赵昕. 2011. 因子分析–BP神经网络整合方法的沿海地区环境承载力预测. 海洋环境科学, (5): 707-710.

国家海洋局. 2008. 中国海洋统计年鉴. 北京: 海洋出版社.

国家海洋局. 2012. 全国海岛保护规划. http://www.mnr.gov.cn/gk/ghjh/201811/t20181101_2324822.html[2016-05-26].

国家海洋局. 2017. 中国海洋统计年鉴2016. 北京: 海洋出版社.

韩美. 2001. 海洋资源的特性与可持续利用. 经济地理, (4): 478-482.

韩秋影, 黄小平, 施平. 2006. 海洋资源价值评估理论初步探讨. 生态经济, (11): 27-30.

韩增林, 吴爱玲, 彭飞, 等. 2018. 基于非期望产出和门槛回归模型的环渤海地区生态效率. 地理科学进展, 37 (2): 255-265.

何雪琴, 温伟英, 何清溪. 2001. 海南三亚湾海域水质状况评价. 台湾海峡, (2): 165-170.

胡俊雄. 2018. 浅析湛江海洋经济与环境的协调发展. 当代经济, (11): 68-70.

黄和平, 胡晴, 乔学忠. 2018. 基于绿色GDP和生态足迹的江西省生态效率动态变化研究. 生态学报, 38 (15): 5473-5484.

黄建平. 2014. 海洋石油污染的危害及防治对策. 技术与市场, (1): 129-130, 132.

黄梦瑶. 2017. 江门市海洋环境与海洋经济发展现状研究. 中山大学硕士学位论文.

黄瑞芬. 2009. 环渤海经济圈海洋产业集聚与区域环境资源耦合研究. 中国海洋大学博士学位论文.

纪学朋, 白永平, 杜海波, 等. 2017. 甘肃省生态承载力空间定量评价及耦合协调性. 生态学报, (17): 5861-5870.

江红丽, 何建敏. 2010. 区域经济与生态环境系统动态耦合协调发展研究: 基于江苏省数据. 软科学, (3): 63-68.

姜宝, 李剑. 2008. 基于DEA的东北亚港口的绩效评价研究. 海洋开发与管理, (12): 87-92.

姜烨. 2014. 基于耦合性广东省海洋经济与环境协调发展研究. 广东海洋大学硕士学位论文.

兰冬东, 马明辉, 梁斌, 等. 2013. 我国海洋生态环境安全面临的形势与对策研究. 海洋开发与管理, (2): 59-64.

李彬, 高艳. 2010. 我国区域海洋经济技术效率实证研究. 中国渔业经济, (6): 99-103.

李晨光, 阎季慧. 2010. 英国海洋事业的新篇章: 谈2009年《英国海洋法》. 海洋开发与管理, 2 (2): 87-90.

李飞, 徐敏. 2014. 海州湾表层沉积物重金属的来源特征及风险评价. 环境科学, (3): 1035-1040.

李怀宇, 王洪礼, 郭嘉良, 等. 2007. 基于DEA的天津市海洋生态经济可持续发展评价. 海洋技术, (3): 101-104.

李惠娟, 龙如银, 兰新萍. 2010. 资源型城市的生态效率评价. 资源科学, 32 (7): 1296-1300.

李明, 董少彧, 张海红, 等. 2015. 基于多维状态空间与神经网络模型的山东省海域承载力评价与预警研究. 海洋通报, 34 (6): 608-615.

李硕. 2013. 论海洋环境污染损害的求偿主体及其救济路径. 吉林大学硕士学位论文.

李悦铮, 李鹏升, 黄丹. 2013. 海岛旅游资源评价体系构建研究. 资源科学, 35 (2): 304-311.

李志伟, 崔力拓. 2010. 河北省近海海域承载力评价研究. 海洋湖沼通报, (4): 87-94.

梁盼盼, 俞立平. 2014. 中国渔业经济投入产出绩效分析: 基于1999—2010年面板数据的实证. 科技与管理, (2): 21-26.

梁星, 卓得波. 中国区域生态效率评价及影响因素分析. 统计与决策, 2017 (19): 143-147.

廖重斌. 1999. 环境与经济协调发展的定量评判及其分类体系: 以珠江三角洲城市群为例. 热带地理, (2): 76-82.

刘大海, 臧家业, 徐伟. 2008. 基于DEA方法的海洋科技效率评价研究. 海洋开发与管理, (1): 48-51.

刘东, 封志明, 杨艳昭. 2012. 基于生态足迹的中国生态承载力供需平衡分析. 自然资源学报, (4): 614-624.

刘佳, 陆菊, 刘宁. 2015. 基于DEA-Malmquist模型的中国沿海地区旅游产业效率时空演化、影响因素与形成机理. 资源科学, 37 (12): 2381-2393.

刘满凤, 刘玉凤. 2017. 基于多目标规划的鄱阳湖生态经济区资源环境与社会经济协调发展研究. 生态经济, (5). 100-105, 159.

刘勤. 2011. 海洋空间资源性资产生态效率流失分析: 负外部性视角. 农业经济问题, 32 (2): 104-108.

刘学海. 2010. 渤海近岸水域环境污染状况分析. 环境保护科学, (1): 14-18.

卢建军. 2012. 论海洋环境污染的生态损害赔偿制度. 湖南师范大学硕士学位论文.

卢燕群, 袁鹏. 2017. 中国省域工业生态效率及影响因素的空间计量分析. 资源科学, (7): 1326-1337.

罗先香, 朱永贵, 张龙军, 等. 2014. 集约用海对海洋生态环境影响的评价方法. 生态学报, (1): 182-189.

马海良, 黄德春, 张继国. 2012. 考虑非合意产出的水资源利用效率及影响因素研究. 中国人口·资源与环境, (10): 35-42.

马涛, 陈家宽. 2006. 海洋资源的多样性、经济特性和开发趋势. 经济地理, (S1): 298-300.

马英杰, 赵丽. 2013. 我国近岸海域污染防治法律体系建设. 环境保护, (1): 19-22.

马占新. 2010. 数据包络分析模型与方法定量分析方法研究. 北京: 科学出版社.

毛达. 2010. 海洋垃圾污染及其治理的历史演变. 云南师范大学学报 (哲学社会科学版), (6): 56-66.

毛汉英, 余丹林. 2001. 环渤海地区区域承载力研究. 地理学报, (3): 363-371.

苗丽娟, 王玉广, 张永华, 等. 2006. 海洋生态环境承载力评价指标体系研究. 海洋环境科学，（3）：75-77.

彭飞，孙才志，刘天宝，等. 2018. 中国沿海地区海洋生态经济系统脆弱性与协调性时空演变. 经济地理，38（3）：165-174.

彭红松，章锦河，韩娅，等. 2017. 旅游地生态效率测度的SBM-DEA模型及实证分析. 生态学报，37（2）：628-638.

全华，陈田，杨竹莘. 2002. 张家界水环境演变与旅游发展关系. 地理学报，（5）：619-624.

任光超，杨德利，管红波. 2012. 主成分分析法在我国海洋资源承载力变化趋势研究中的应用. 海洋通报，（1）：21-25.

任胜钢，张如波，袁宝龙. 2018. 长江经济带工业生态效率评价及区域差异研究. 生态学报，38（15）：5485-5497.

任宇飞，方创琳. 2017. 京津冀城市群县域尺度生态效率评价及空间格局分析. 地理科学进展，（1）87-98.

慎丽华，张园园. 2012. 海洋旅游资源污染损害的控制研究. 菏泽学院学报，（2）：98-102.

生楠，高健，刘依阳. 2016. 中国海洋产业发展与海洋资源利用的关联度研究. 海洋经济，6（5）：19-25.

石忆邵，尹昌应，王贺封，等. 2013. 城市综合承载力的研究进展及展望. 地理研究，32（1）：133-145.

苏伟. 2007. 广西近海环境与经济可持续发展水平及协调性分析. 南宁：第四届广西青年学术年会.

孙伯良，王爱民. 2012. 浙江省海洋经济–资源–环境系统协调性的定量测评. 中国科技论坛，（2）：95-101.

孙才志，韩建，高扬. 2012. 基于AHP-NRCA模型的环渤海地区海洋功能评价. 经济地理，（10）：95-101.

孙才志，于广华，王泽宇，等. 2014. 环渤海地区海域承载力测度与时空分异分析. 地理科学，34（5）：513-521.

孙康，季建文，李丽丹，等. 2017. 基于非期望产出的中国海洋渔业经济效率评价与时空分异. 资源科学，39（11）：2040-2051.

孙玉峰，郭全营. 2014. 基于能值分析法的矿区循环经济系统生态效率分析. 生态学报，34（3）：710-717.

佟金萍，马剑锋，王慧敏，等. 2014. 中国农业全要素用水效率及其影响因素分析. 经济问题，（6）：101-106.

王艾敏. 2016. 海洋科技与海洋经济协调互动机制研究. 中国软科学，（8）：40-49.

王波，方春洪. 2010. 基于因子分析的区域经济生态效率研究：以2007年省际间面板数据为例. 环境科学与管理，35（2）：158-162.

王菲凤，陈妃. 2008. 福州大学城校园生态足迹和生态效率实证研究. 福建师范大学学报（自然科学版），24（5）：84-89.

王光升，郭佩芳，谭映宇，等. 2014. 基于单位根检验的沿海地区经济增长与海洋环境污染面板数据EKC分析. 海洋环境科学，（3）：425-430，445.

王宏. 2017. 人民日报：海洋强国建设助推实现中国梦. http://opinion.people.com.cn/n1/2017/1120/c1003-29655289.html[2021-10-01].

王辉，郭玲玲，宋丽. 2010. 辽宁省14市经济与环境协调度定量研究. 地理科学进展，29（4）：463-470.

王慧祺，朱建华，车志伟. 2017. 亚龙湾海域海洋环境质量评价. 环境与发展，（10）：31-32.

王劲锋，徐成东. 2017. 地理探测器：原理与展望. 地理学报，（1）：116-134.

王茂军，栾维新. 2000. 中国黄海近岸海域污染分区调控研究. 海洋通报，（6）：50-56.

王倩，李亚宁. 2018. 渤海海洋资源开发和环境问题研究. 北京：海洋出版社.

王群. 2014. 联合应用2种双壳类的生物标志物评价北部湾底栖环境质量. 中国海洋大学硕士学位论文.

王群伟，周鹏，周德群. 2014. 生产技术异质性、二氧化碳排放与绩效损失：基于共同前沿的国际比较. 科研管理，（10）：41-48.

王腾. 2013. 中国海洋经济发展效率及其可持续性研究. 华中师范大学硕士学位论文.

王西平. 2001. 区域水环境经济系统DSS的设计. 地理研究，（3）：266-273.

王晓玲，方杏村. 2017. 生态经济东北老工业基地生态效率测度及影响因素研究：基于DEA-Malmquist-Tobit模型分析. 生态经济，33（5）：95-99.

王秀娟，胡求光. 2013. 中国海水养殖与海洋生态环境协调度分析. 中国农村经济，（11）：86-96.

王余. 2007. 海洋功能区评价指标与方法研究. 大连海事大学硕士学位论文.

王泽宇，刘凤朝. 2011. 我国海洋科技创新能力与海洋经济发展的协调性分析. 科学学与科学技术管理，32（5）：42-47.

王泽宇，卢雪凤，孙才志，等. 2017. 中国海洋经济重心演变及影响因素. 经济地理，37（5）：12-19.

王泽宇，张震，韩增林，等. 2015. 新常态背景下中国海洋经济质量与规模的协调性分析. 地域研究与开发，34（6）：1-7.

魏超，叶属峰，过仲阳，等. 2013. 海岸带区域综合承载力评估指标体系的构建与应用：以南通市为例. 生态学报，33（18）：5893-5904.

魏一鸣，范英，蔡宪唐，等. 2002. 人口、资源、环境与经济协调发展的多目标集成模型. 系统工程与电子技术，24（8）：1-5.

翁里，肖羽沁. 2016. 国际海洋矿产资源开发中的污染问题及其法律规制. 浙江海洋学院学报（人文科学版），（3）：1-5.

吴继刚. 2004. 海洋环境污染损害赔偿法律机制研究：以船舶油污损害为中心. 中国海洋大学博士学位论文.

吴清峰，唐朱昌. 2014. 投资信息缺失下资本存量K估计的两种新方法. 数量经济技术经济研究，31（9）：150-160.

吴珊珊，李永昌. 2008. 中国古代海洋观的特点与反思. 海洋开发与管理，（12）：15-16.

吴胜男，李岩泉，于大炮，等. 2015. 基于VAR模型的森林植被碳储量影响因素分析：以陕西省为例. 生态学报，35（1）：196-203.

吴伟平，刘乃全. 2016. 异质性公共支出对劳动力迁移的门槛效应：理论模型与经验分析. 财贸经济，（3）：28-44.

吴卫宾，韩锦辉，杨天通，等. 2017. 基于SD双要素模型的长春市水资源人口承载力动态模拟. 郑州大大学报，49（4）：126-131.

吴振信，石佳. 2012. 基于STIRPAT和GM（1，1）模型的北京能源碳排放影响因素分析及趋势预测. 中国管理科学，（20）：803-807.

吴振信，石佳，王书平. 2014. 基于LMDI分解方法的北京地区碳排放驱动因素分析. 中国科技论坛，（2）：85-91.

武春友，于文嵩，郭玲玲. 2015. 基于演化理论的生态效率影响因素研究. 技术经济，（5）：63-69，85.

习近平. 2019. 习近平致2019中国海洋经济博览会的贺信. 地球，（11）：6.

向秀容，潘韬，吴绍洪，等. 2016. 基于生态足迹的天山北坡经济带生态承载力评价与预测. 地理研究，35（5）：875-884.

肖姗，孙才志. 2008. 基于DEA方法的沿海省市海洋渔业经济发展水平评价. 海洋开发与管理，25（4）：90-95.

谢俊奇. 1997. 中国土地资源食物生产潜力和人口承载潜力研究. 人口与计划生育，15（6）：18-24.

徐璐. 2015. 我国海洋渔业绿色全要素生产率变动及地区收敛性研究：基于动态Malmquist模型. 中国海洋大学硕士学位论文.

徐胜，迟酩. 2012. 环渤海地区海洋环境资源价值测评研究. 中国海洋大学学报（社会科学版），（3）：8-15.

许冬兰，李玉强. 2013. 基于状态空间法的海洋生态环境承载力评价. 统计与决策，18（18）：58-60.

许冬兰，王超. 2013. 基于熵变方程法的我国海洋经济与海洋环境的协调度分析. 海洋环境科学，32（1）：128-132.

许明军，杨子生. 2016. 西南山区资源环境承载力评价及协调发展分析：以云南省德宏州为例. 自然资源学报，31（10）：1726-1738.

许小燕. 2008. 江苏海洋功能区划不一致性研究. 南京师范大学硕士学位论文.

杨晗熠. 2006. 基于修正AHP-模糊综合评判的港口功能评价方法研究. 中国海洋大学硕士学位论文.

杨皓然，吴群. 2017. 碳排放视角下的江苏省土地利用转型生态效率研究：基于混合方向性距离函数. 自然资源学报，32（10）：1718-1730.

杨慧. 2012. 基于Kaya公式的中国碳排放影响因素的分析与预测. 暨南大学硕士学位论文.

杨明杰，杨广，何新林，等. 2017. 基于多维临界调控模型的玛纳斯河流域水资源调控. 石河子大学学报（自然科学版），（2）：241-246.

杨卫，周薇. 2014. 基于DEA模型的渔业科技生产效率实证分析. 中国农学通报，30（35）：139-142.

杨璇. 2014. 河北省海洋环境污染机理及防治对策研究. 中国海洋大学硕士学位论文.

杨亦民，王梓龙. 2017. 湖南工业生态效率评价及影响因素实证分析：基于DEA方法. 经济地理，37（10）：151-156，196.

姚治国，陈田，尹寿兵，等. 2016. 区域旅游生态效率实证分析：以海南省为例究. 地理科学，36（3）：417-423.

叶龙浩，周丰，郭怀成，等. 2013. 基于水环境承载力的沁河流域系统优化调控. 地理研究，（6）：1007-1016.

殷克东，李兴东. 2011. 我国沿海11省市海洋经济综合实力的测评. 统计与决策，（3）：85-89.

尹科，王如松，周传斌，等. 2012. 国内外生态效率核算方法及其应用研究述评. 生态学报，32（11）：3595-3605.

于定勇，王昌海，刘洪超. 2011. 基于PSR模型的围填海对海洋资源影响评价方法研究. 中国海洋大学学报（自然科学版），41（Z2）：170-175.

于谨凯，孔海峥. 2014. 基于海域承载力的海洋渔业空间布局合理度评价：以山东半岛蓝区为例. 经济地理, 34（9）: 112-117, 123.

于谨凯, 潘菁. 2015. 基于超效率DEA-Malmquist模型的我国海洋交通运输业效率分析. 海洋经济, 5（5）: 3-12.

苑清敏, 张文龙, 冯冬. 2016. 资源环境约束下我国海洋经济效率变化及生产效率变化分析. 经济经纬, 33（3）: 13-18.

曾维华, 杨月梅, 陈荣昌, 等. 2007. 环境承载力理论在区域规划环境影响评价中的应用. 中国人口·资源与环境, 17（6）: 27-31.

张海文. 2018-02-28. 以党的十九大精神指引海洋战略研究. 中国海洋报, 第1版.

张和宾. 2014. 论海洋油污损害赔偿中的纯经济损失. 大连海事大学硕士学位论文.

张红, 张毅, 张洋, 等. 2017. 基于修正层次分析法模型的海岛城市土地综合承载力水平评价: 以舟山市为例. 中国软科学,（1）: 150-160.

张军, 吴桂英, 张吉鹏. 2004. 中国省际物质资本存量估算: 1952—2000. 经济研究,（10）: 35-44.

张林波, 李文华, 刘孝富, 等. 2009. 承载力理论的起源、发展与展望. 生态学报, 29（2）: 878-888.

张晓, 白福臣. 2018. 广东省海洋资源环境系统与海洋经济系统耦合关系研究. 生态经济,（9）: 75-80.

张小平, 方婷. 2012. 甘肃省碳排放变化及影响因素分析. 干旱区地理（汉文版）, 35（3）: 487-493.

张雪花, 郭怀成, 张宝安. 2002. 系统动力学–多目标规划整合模型在秦皇岛市水资源规划中的应用. 水科学进展,（3）: 351-357.

张燕, 徐建华, 曾刚, 等. 2009. 中国区域发展潜力与资源环境承载力的空间关系分析. 资源科学, 31（8）: 1328-1334.

张耀光, 关伟, 李春平, 等. 2002. 渤海海洋资源的开发与持续利用. 自然资源学报,（6）: 768-775.

张耀光, 韩增林, 刘锴, 等. 2010. 海岸带利用结构与海岸带海洋经济区域差异: 以辽宁省为例. 地理研究, 29（1）: 24-34.

张子龙, 鹿晨昱, 陈兴鹏, 等. 2014. 陇东黄土高原农业生态效率的时空演变分析: 以庆阳市为例. 地理科学, 34（4）: 472-478.

章植. 1930. 土地经济学. 上海: 黎明书局.

赵宏波, 马延吉, 苗长虹. 2015. 基于熵值–突变级数法的国家战略经济区环境承载力综合评价及障碍因子: 以长吉图开发开放先导区为例. 地理科学, 35（12）: 1525-1532.

赵姜, 孟鹤, 恭晶. 2017. 津冀地区农业全要素用水效率及影响因素分析. 中国农业大学学报, 22（3）: 76-84.

赵林, 张宇硕, 焦新颖, 等. 2016a. 基于SBM和Malmquist生产率指数的中国海洋经济效率评价研究. 资源科学, 38（3）: 461-475.

赵林, 张宇硕, 吴迪, 等. 2016b. 考虑非期望产出的中国省际海洋经济效率测度及时空特征. 地理科学, 36（5）: 671-680.

赵明华. 2000. 海（咸）水入侵区人地系统作用机制及调控分析: 以山东省莱州湾沿岸地区为例. 经济地理,（2）: 27-30.

赵昕, 刘玉峰. 2012. 基于PCA的我国海洋产业机构效率评价. 中国渔业经济,（3）: 70-75.

赵昕, 彭勇, 丁黎黎. 2016. 中国海洋绿色经济效率的时空演变及影响因素. 湖南农业大学学报（社会科学版），17（5）：81-89.

郑德凤，郝帅，孙才志. 2018. 基于DEA-ESDA的农业生态效率评价及时空分异研究. 地理科学，38（3）：419-427.

郑苗壮，刘岩，李明杰，等. 2013. 我国海洋资源开发利用现状及趋势. 海洋开发与管理，30（12）：13-16.

周侃，樊杰. 2015. 中国欠发达地区资源环境承载力特征与影响因素：以宁夏西海固地区和云南怒江州为例. 地理研究，34（1）：39-52.

朱海滨. 2018. 环境约束下长江经济带用水效率的测度及影响因素研究. 河北地质大学学报，（2）：51-57.

自然资源部. 2017. 中国海洋统计年鉴. 北京：海洋出版社：4-5.

邹玮，孙才志，覃雄合. 2017. 基于Bootstrap-DEA模型环渤海地区海洋经济效率空间演化与影响因素分析. 地理科学，37（6）：859-867.

Alberti M，Booth D，Hill K，et al. 2007. The impact of urban patterns on aquatic ecosystems: An empirical analysis in Puget lowland sub-basins. Landscape and Urban Planning，（4）: 345-361.

Allison K. 2006. Book review: Ecosystems and human well-being: Health synthesis. The Journal of the Royal Society for the Promotion of Health，126（4）: 192.

Anderson T R，Fletcher C H，Barbee M M，et al. 2015. Doubling of coastal erosion under rising sea level by mid-century in Hawaii. Natural Hazards，（1）: 75-103.

Angelides D，Xenidis Y. 2007. Fuzzy vs probabilistic methods for risk assessment of coastal areas// Linkov I，Kiker G A，Wenning R J. Environmental Security in Harbors and Coastal Areas. Dordrecht: Springer: 251-266.

Arabi B，Munisamy S，Emrouznejad A，et al. 2014. Power industry restructuring and eco-efficiency changes: A news lacks-based model in Malmquist- Luenberger index measurement. Energy Policy，68（2）: 132-145.

Bilitewski B. 2012. The circular economy and its risks. Waste Management，32（1）: 1-2.

Bloemhof J，Quariguasi-Frota-Neto J. 2012. An analysis of the eco-efficiency of re-manufactured personal computers and mobile phones. Production and Operations Management，21（1）: 101-114.

Caves D W，Christensen L R，Diewert W E. 1982. The economic theory of index numbers and the measurement of input，output，and productivity. Econometrica: Journal of the Econometric Society，50（6）: 1393-1414.

Charnes A，Cooper W W，Rhodes E. 1978. Measuring the efficiency of decision making units. European Journal of Operational Research，（6）: 429-444.

Clausen R，York R. 2008. Global biodiversity decline of marine and freshwater fish: Across-national analysis of economic，demographic，and ecological influences. Social Science Research，（4）: 1310-1320.

Costanza R，d'Arge R，de Groot R，et al. 1998. The value of the world's ecosystem services and natural capital. Ecological Economics，25: 3-15.

Cullinane K，Wang T F，Song D W，et al. 2006. The technical efficiency of container ports: Comparing data envelopment analysis and stochastic frontier analysis. Transportation Research Part A: Policy and Practice，（4）: 354-374.

Doney S C. 2010. The growing human footprint on coastal and open-ocean biogeochemistry. Science, (5985): 1512-1516.

Egilmez G, Park Y S. 2014. Transportation related carbon, energy and water footprint analysis of US manufacturing: An eco-efficiency assessment. Transportation Research Part D: Transport and Environment, 32 (6): 143-159.

Fare R, Grosskopf S, Norris M, et al. 1994. Productivity growth, technical progress, and efficiency change in industrialized countries. American Economic Review, (1): 66-83.

Feenstra R C, Hanson G H. 1999. The impact of outsourcing and high-technology capital on wages: Estimates for the United States. 1979-1990. The Quarterly Journal of Economics, (3): 907-940.

Finnoff D, Tschirhart J. 2008. Linking dynamic economic and ecological general equilibrium models. Resource and Energy Economics, (2): 91-114.

Frischknecht R. 2010. LCI modelling approaches applied on recycling of materials in view of environmental sustainability, risk perception and eco-efficiency.The International Journal of Life Cycle Assessment, 15 (7): 666-671.

Grossman G M, Krueger A B. 1995. Economic growth and the environment. The Quarterly Journal of Economics, 110 (2): 337-377.

Gupta B, Lai F C, Pal D, et al. 2004. Where to locate in a circular city? International Journal of Industrial Organization, 22 (6): 759-782.

Gurauskienė I, Stasiškienė Ž. 2011. Application of material flow analysis to estimate the efficiency of e-waste management systems: The case of Lithuania. Waste Management & Research, 29 (7): 763-777.

Hahn T, Figge F, Liesen A, et al. 2010. Opportunity cost based analysis of corporate eco-efficiency: A methodology and its application to the CO_2-efficiency of German companies. Journal of Environmental Management, 91 (10): 1997-2007.

Harvey J T, Weise M J. 2008.Temporal variability in ocean climate and California sea lion diet and biomass consumption: Implications for fisheries management. Marine Ecology Progress, 373: 157-172.

Hoagland P, Jin D. 2008. Accounting for marine economic activities in large marine ecosystems. Ocean & Coastal Management, (3): 246-258.

Hoffren J. 2001. Measuring the Eco-Efficiency of Welfare Generation in a National Economy. Tampere: Tampere University.

Huppes G, Davidson M D, Kuyper J, et al. 2007. Eco-efficient environmental policy in oil and gas production in The Netherlands. Ecological Economics, 61 (1): 43-51.

Jamnia A R, Mazloumzadeh S M, Keikha A A. 2015. Estimate the technical efficiency of fishing vessels operating in Chabahar region, Southern Iran. Journal of the Saudi Society of Agricultural Sciences, (1): 26-32.

Jin D, Hoagland P, Dalton T M. 2003. Linking economic and ecological models for a marine ecosystem. Ecological Economics, 46 (3): 367-385.

Kildow J T, Mcilgorm A. 2010. The importance of estimating the contribution of the oceans to national economies. Marine Policy, 34 (3): 367-374.

Korhonen P J, Luptacik M. 2004. Eco-efficiency analysis of power plants: An extension of data envelopment analysis. European Journal of Operational Research，（2）：437-446.

Kuznets S. 1955. Economic growth and income equality. American Economic Review，45（1）：1-28.

Lefever D W. 1926. Measuring geographic concentration by means of the standard deviational ellipse. The American Journal of Sociology，（1）：88-94.

Long X L，Zhao X C，Cheng F X. 2015. The comparison analysis of total factor productivity and eco-efficiency in China's cement manufactures. Energy Policy，81（3）：61-66.

Maltus T R. 2011. An essay on the principle of population. History of Economic Thought Books，41（1）：114-115.

Maravelias C D，Tsitsika E V. 2008. Economic efficiency analysis and fleet capacity assessment in Mediterranean fisheries. Fisheries Research，（1-2）：85-91.

Martínez M L，Intralawan A，Vázquez G，et al. 2007. The coasts of our world：Ecological，economic and social importance. Ecological Economics，63：254-272.

Matranga V，Kiyomoto M. 2014. Sensing the marine environment using different animal models and levels of complexity. Marine Environmental Research，（93）：1-3.

Meadows D H，Meadows D I，Randers J，et al. 1972. The Limits to Growth：A Report for the Club of Rome's Project on the Predicament of Manking. New York：Universe Books.

Meier R L. 1978. Urban carrying capacity and steady state considerations in planning for the Mekong Valley region. Urban Ecology，（1）：1-27.

Michelsen O，Fet A M，Dahlsrud A. 2006. Eco-efficiency in extended supply chains：A case study of furniture production. Journal of Environmental Management，（3）：290-297.

Mihailov G. 2002. Environmentric approaches to estimate pollution impacts on a coastal area by sediment and river water technology. Water Science and Techonology，（8）：45-53.

Mihailov G，Simeonov V，Nikolov N，et al. 2002. Environmetric approaches to estimate pollution impacts on a coastal area by sediment and river water studies. Water Science and Technology，（8）：45-52.

Möller A，Schaltegger S. 2005. The sustainability balanced scorecard as a framework for eco-efficiency analysis. Journal of Industrial Ecology，9（4）：73-83.

Muniz P，Venturini N，Hutton M，et al. 2011. Ecosystem health of Montevideo coastal zone：A multi approach using some different benthic indicators to improve a ten-year-ago assessment. Journal of Sea Research，65：38-50.

Nguyen H O，Tongzon J. 2010. Causal nexus between the transport and logistics sector and trade：The case of Australia. Transport Policy，（3）：135-146.

Odeck J，Bråthen S. 2012. A meta-analysis of DEA and SFA studies of the technical efficiency of seaports：A comparison of fixed and random-effects regression models. Transportation Research Part A：Policy and Practice，（10）：1574-1585.

Patterson M G. 1996. What is energy efficiency? Concepts，indicators and methodological issues. Energy Policy，24（5）：377-390.

Perry R I，Schweigert J F . 2008. Primary productivity and the carrying capacity for herring in NE Pacific marine ecosystems. Progress in Oceanography，77（2-3）：241-251.

Preston B L，Shackelford J. 2002. Multiple stressor effects on benthic biodiversity of chesapeake bay：Implications for ecological risk assessment. Ecotoxicology，（2）：85-99.

Price D. 1999. Carrying capacity reconsidered. Population and Environment，（1）：5-26.

Quariguasi-Frota-Neto J，Walther G，Bloemhof J，et al. 2009. A methodology for assessing eco-efficiency in logistics networks. European Journal of Operational Research，（3）：670-682.

Ramajo J，Márquez M A，Hewings G J D，et al. 2008. Spatial heterogeneity and interregional spillovers in the European Union：Do cohesion policies encourage convergence across Regions. European Economic Review，52（3）：551-567.

Rashidi K，Shabani A，Farzipoor-Saen R. 2015. Using data envelopment analysis for estimating energy saving and undesirable output abatement：A case study in the organization for economic co-operation and development（OECD）countries. Journal of Cleaner Production，105（15）：241-252.

Sala-I-Martin X X. 1996. Regional cohesion：Evidence and theories of regional growth and convergance. European Economic Review，（6）：1325-1352.

Schaltegger S，Sturm A1990. Ö kologische rationalität（German/in English：Ecological rationnlity）：Ansatzpukte zur ausgetsaltung von ökologieorientierten managementinstrumenten. Die Unternehmung，44（4）：273-290.

Side J，Jowitt P. 2002. Technologies and their influence on future UK marine resource developmental and management. Marine Policy，26：231-241.

Suh S，Lee K M，Ha S. 2005. Eco-efficiency for pollution prevention in small to medium-sized enterprises：A Case from South Korea. Journal of Industrial Ecology，9（4）：18.

Sun C，Wang S，Zou W，et al. 2017. Estimating the efficiency of complex marine systems in China's coastal regions using a network data envelope analysis model. Ocean & Coastal Management，139：77-91.

Talley W K. 1988. Optimum Throughput and performance Evaluation of Marine Terminals. Maritime Policy & Management，（4）：327-331.

Tingley D，Pascoe S，Coglan L. 2005. Factors affecting technical efficiency in fisheries：Stochastic production frontier versus data envelopment analysis approaches. Fisheries Research，（3）：363-376.

Tone K. 2001. A slacks-based measure of efficiency in data envelopment analysis. European Journal of Operational Research，130（3）：498-509.

Tongzon J. 2001. Efficiency measurement of selected Australian and other international ports using data envelopment analysis. Transportation Research Part A：Policy and Practice，35（2）：107-122.

UNCTAD. 2000. Integrating Environmental and Financial Performance at the Enterprise Level：A Methodology for Standardizing Eco-Efficiency Indicators. Geneva：United Nations Publication.

van Caneghem J，Block C，Cramm P，et al. 2010. Improving eco-efficiency in the steel industry：The ArcelorMittal Gent case. Journal of Cleaner Production，（8）：807-814.

Vasconcellos M，Gasalla M A. 2001. Fisheries catches and the carrying capacity of marine ecosystems in southern Brazil. Fisheries Research，50（3）：279-295.

Verfaillie H A，Bidwell R. 2000. Measuring Eco-Efficiency：A Guide to Reporting Company Performance. Geneva：Word Business of Council for Sustainable Development.

Verhulst P F. 1838. Notice sur la loi que la population suit dans son accroissement. Correspondance Mathematique et Physique，10：113-121.

Vogtlander J G, Bijma A, Brezet H C. 2002. Communicating the eco-efficiency of products and services by means of the eco-costs/value model. Journal of Cleaner Production, (1): 57-67.

WBCSD. 1996. Eco-efficiency leadership for improved economic and environmental performance. Geneva: Word Business Council for Sustainable Development.

Williams M, Longstaff B, Buchanan C, et al. 2009. Development and evaluation of a spatially explicit index of Chesapeake Bay health. Marine Pollution Bulletin, 59 (1-3): 14-25.

Young A. 2000. Gold into Base Metals: Productivity Growth in the People's Republic of China during the Reform Period. Beijing: National Bureau of Economic Research, 2000.

Young A. 2003. Gold into base metals: Productivity growth in the People's Republic of China during the reform period. Journal of Political Economy, (6): 1220-1261.